JN440519

SIVIC-11-01

제진구조설계 기술검토 지침

PEER-REVIEW GUIDELINE FOR
DESIGM OF STRUCTURES WITH DAMPING SYSTEMS

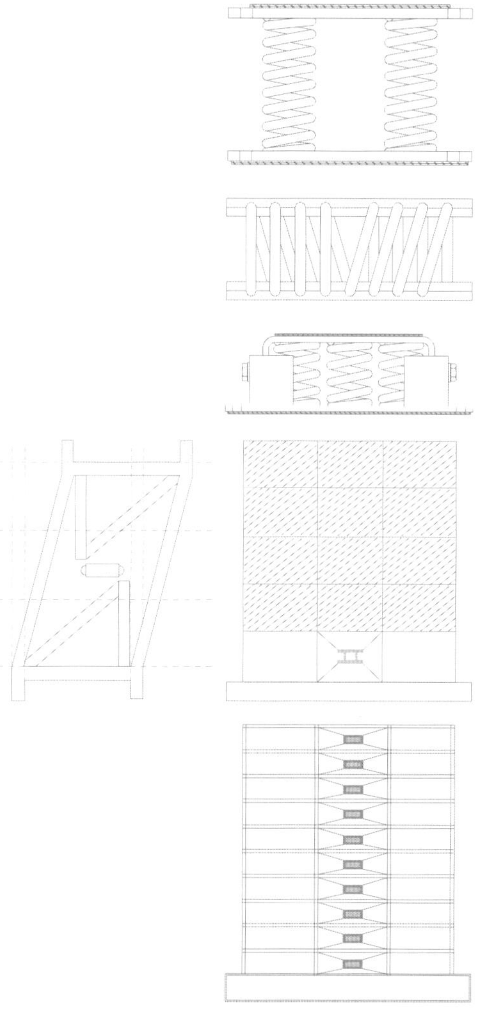

머리말

최근 들어 국내에서도 건축물의 내진안전성의 향상뿐만 아니라 지진 발생 후 건축물 기능 확보의 중요성이 인식되면서 제진구조에 대한 설계 사례가 증가하고 있다. 그러나 현 시점에서 제진구조의 동적 응답특성 분석을 위한 해석모델링 기법의 신뢰성 문제, 제진장치의 실험적 검증 및 복원력 특성 모델에 대한 검증자료가 부족하여 제진구조의 설계프로세스가 제대로 제시되지 못하고 있는 실정이다. 따라서 제진구조의 설계프로세스 및 기준이 정립되기까지는 앞으로 시간이 소요될 것으로 판단된다. 그럼에도 불구하고 건축물의 지진에 대한 안전성 확보라는 사회적 기대에 따른 제진구조 설계에 대한 요구는 빠른 속도로 증가될 것으로 예상된다.

따라서 '제진구조설계 기술검토 지침'은 제진구조 설계기준 혹은 프로세스가 제시되지 않은 상태에서도 기술검토과정을 거쳐 제진구조의 설계과정에서 발생할 수 있는 오류를 최대한 억제시키고 신뢰성 높은 제진구조 실현을 목적으로 하고 있다.

기술검토 지침에서는 제진구조의 성능을 기술검토에 의해 검증하기 위한 일련의 검토과정과 검토내용을 제시하고, 그 과정을 예제를 통하여 알기 쉽게 기술한다. 그러나 기술검토 지침은 현 시점에서 성능이 입증된 제진구조를 중심으로 기술되고 있기 때문에 설계기술 및 해석기술의 발달, 연구 자료의 축적 등에 의해 향후에도 지속적으로 개정되어 나가야 할 것으로 판단된다.

기술검토 지침은 제진구조의 설계수준을 향상시키고 신뢰성이 높은 제진구조 설계를 위해 도움이 되고자 작성된 것으로, 특정 기관의 심의 혹은 심사의 기준으로 사용되는 것은 바람직하지 않다. 또한 기술검토 지침의 활용도는 기술검토자의 능력 및 공정성에 의해 크게 좌우됨을 강조하고자 한다.

제진구조설계 기술검토 지침 집필위원장 오상훈

사단법인 한국면진제진협회 회장 이원호

제진구조설계 기술검토 지침의 집필 및 자문위원

집필위원장	오상훈 | 부산대학교 교수
집필간사	김형준 | 서울시립대학교 교수
집필위원	김석구 | 3D구조 대표
	김태진 | 창민우구조 본부장
	김형근 | SH공사 건설기술연구팀장
	윤병익 | 아이맥구조 대표
	이기학 | 세종대학교 교수
	이원호 | 광운대학교 교수
	천영수 | LH공사 수석연구원
자문위원	홍성목 | 서울대학교 명예교수
	이리형 | 한양대학교 명예교수
	강신량 | 삼우구조 고문
	김종호 | 창민우구조 대표
	장극관 | 서울과학기술대학교 교수
	정광량 | 동양구조안전기술 대표
	곽한식 | 지에스건설 구조팀장
	이현호 | 동양대학교 교수
	장동운 | 쌍용건설 구조팀장

차 례

그 림 차 례

표 차 례

기 호

A_o : 오리피스의 단면적

A_p : 피스톤 헤드의 단면적

A_s : 점탄성 제진장치의 단면적

B_m : m차 모드의 가속도 응답감소계수

C : 점성 제진장치의 감쇠정수(Damping Coefficient)

C_d : 변위증폭계수(Deflection Amplification Factor)

C_{dc} : 오리피스의 유량계수(Discharge Coefficient)

C_{mFD} : 최대변위 시 조합력계수

C_{mFV} : 최대속도 시 조합력계수

C_{mS} : m차 모드의 설계가속도 스펙트럼

D_{el} : 설계지진하중 작용 시 지진력저항시스템의 지붕층 변위

DI : 구조물의 손상지표(Damage Index)

D_m : m차 모드형상에 따른 강제변위 시 지붕층 변위

D_s : 설계 밑면전단력 재하 시 탄성해석으로 구한 지붕층 변위

E_{el}, W_{dei} : 탄성거동에 의한 탄성변형에너지

E_f : 지반운동이 끝난 후 지진력저항시스템이 소산한 총에너지양

E_h : 지반운동이 끝난 후 고유감쇠에 의해 소산된 총에너지양

E_{hs}, W_{fi} : 소성거동에 의한 소산에너지

E_{hd}, W_{dpi} : 변위의존형 제진장치에 의한 소산에너지

E_{id} : 고유감쇠에 의한 소산에너지

E_{IN}, E_I : 지반운동에 의한 구조물 입력에너지

E_k : 질점의 운동에너지

E_P : 구조물 전체의 흡수에너지

E_r : 구조물 이력곡선에 의한 소산에너지

E_{st} : 지반진동 전 재하하중에 의한 일

E_V : 지반운동이 끝난 후 제진장치가 소산한 총에너지양

E_v : 등가 점성감쇠에 의한 소산에너지

E_{vd} : 속도의존형 제진장치에 의한 소산에너지

$\overline{F}$: 각 부재종류별 평균최대요구내력

$F_{d,\max}$: 점탄성 제진장치의 최대감쇠력

F_{MAX} : 허용최대변위 시 내력비(최대내력/항복강도)

F_r : 구조물 또는 제진장치의 비선형성을 고려한 복원력

F_s : 지반진동 전 중력방향 외력

$\overline{F_V}$: 제진장치의 평균최대요구내력

$F_{V,MAX}$: 제진장치의 허용최대내력

F_Y : 설계강도비(설계강도/항복강도)

G_c : 점성요소의 전단탄성계수

G_E : 탄성요소의 전단탄성계수

Q_{DSD} : 변위의존형 제진장치 요소의 부재력

Q_E : 수평지진력 효과

Q_{mDSV} : m차 모드에서 속도의존형 제진장치 요소의 힘

Q_{mSFRS} : m차 모드에서 제진시스템 요소의 부재력

R : 반응수정계수(Response Modification Factor)

$S_{A,m}$: m차 모드의 가속도

$S_{a,1}$: 지진력저항시스템의 기본고유주기 T_1의 가속도 스펙트럼계수

$S_{D,m}$: m차 모드의 변위응답 스펙트럼계수

T_m : m차 모드의 주기

$T_{mD,D}$: 설계지진에 대한 지진력저항시스템의 m차 모드의 유효주기

T_S : 가속도 일정구간에서 속도 일정구간으로 전이하는 주기

V : 등가정적법에 의한 밑면전단력

V_D : 손상유발 에너지의 속도치환치

V_E : 총입력에너지의 속도치환치

V_{el} : 탄성거동 시 지진력저항시스템의 밑면전단력

V_m : m차 모드형상에 따른 강제변위 시 밑면전단력

$V_{\min}$: 지진력저항시스템의 최소밑면전단력

$V_{\max}$: 지진력저항시스템의 최대내력

V_s : 지진력저항시스템의 설계 밑면전단력

$V_{s,\mathrm{Exp}}$: 지진력저항시스템의 예상설계 밑면전단력

V_{yd} : 제진장치의 항복내력

V_{yf} : 지진력저항시스템의 항복내력

W_D : 구조물의 고유감쇠와 소성변형에 의한 소산에너지

W_{Dm} : m차 모드에서 제진장치의 총에너지 소산양

W_e : 건축물이 손상한계에 도달할 때까지의 흡수에너지

W_m : m차 모드중량

W_S : 탄성강성과 변위에 의한 구조물 변형에너지

W_{Sm} : m차 모드에서의 지진력저항시스템 최대변형에너지

X_d : 점성 제진장치의 진폭

b : 점성 제진장치의 압력상수

c : 구조물의 감쇠정수

f_d : 점탄성 제진장치의 감쇠력

g : 중력가속도

h : 점탄성 제진장치의 높이

k_f : 지진력저항시스템의 탄성강성

m : 구조물의 질량

n : 오리피스의 개수

q_H : 지진력저항시스템의 이력곡선 특성값

$\{u_m\}$: m차 모드에서 각 층의 변위벡터

$u_{\max}$: 지진력저항시스템의 최대변위

u_{ult} : 지진력저항시스템의 극한변위

x : 지반에 대한 질점의 상대변위

$\ddot{x}_g$: 지반가속도

$\dot{x}_p$: 점성제진장치 피스톤 운동속도

$\varDelta_D$: 설계지진하중 작용 시 층간변위

$\varGamma_m$: m차 모드참여계수

$\varOmega_o$: 초과강도계수

α : 점성제진장치의 속도 지수 또는 항복 후 강성비

γ_E : 탄성요소의 변형도

γ_c : 점성요소의 변형도

γ_s : 점탄성 제진장치의 변형도

ε : 해석에 사용된 값과 시제품 실험결과와의 오차

$\overline{\mu}$: 각 부재종류별 평균최대요구 연성도

$\mu_{1,D}$: 설계지진하중 작용 시 지진력저항시스템의 연성도

μ_{MAX} : 허용최대변위비(허용최대변위/항복변위)

μ_T : 최대내력 시 연성비(최대내력 시 변위/항복변위)

$\overline{\mu_V}$: 제진장치의 평균최대요구 연성도

$\mu_{V,MAX}$: 제진장치의 허용최대 연성도

ξ_{eq} : 등가 점성감쇠비

ξ_{Hm} : 지진력저항시스템의 소성거동에 의한 감쇠비

ξ_I : 고유감쇠비

ξ_{Vm} : m차 모드에서 속도의존형 제진장치에 의한 등가점성감쇠비

ρ : 점성물질의 밀도, 건물 유형에 따른 보정계수 또는 잉여도계수

τ_E : 탄성요소의 응력

τ_c : 점성요소의 응력

τ_s : 점탄성 제진장치의 응력

$\{\phi\}_m$: m차 모드 형상벡터

ω : 회전 진동수

$\overline{\nabla_V}$: 제진장치의 평균최대요구속도

$\nabla_{V,MAX}$: 제진장치의 허용최대속도

제 1 장

서 론

0101 기술검토 지침의 필요성 및 목적

내진설계에서는 건물의 사용연한 동안 발생할 우려가 있는 최대급의 지반운동에 대해 붕괴를 방지하는 범위에서 구조물의 손상을 허용하는 개념을 가지고 있으며, 이는 붕괴방지를 통한 경제성과 안전성을 동시에 만족시키기 위함이었다. 그러나 1994년 노스리지 지진과 1995년의 고베지진 등에 의한 지진피해를 경험한 후, 구조물에 요구되는 다양한 성능을 만족시키기 위해서는 붕괴방지에 의한 안전성 확보만으로는 충분하지 않다는 것을 깨닫게 되었다. 용도에 따라 지진 후에도 건물의 기능을 유지하는 것은 물론 자산 가치를 보전해야 하는 등 목표성능을 만족시키는 성능설계의 필요성이 제기되었다. 이에 따라 미국, 일본 등을 중심으로 외국에서는 성능설계를 목표로 하여 설계법이 개정되고 있으며, 건물에 성능표시를 요구하는 경우가 늘어나고 있는 추세이다. 이러한 상황에서 국내에서도 건물의 내진성능을 향상시키면서 경제성을 확보하기 위해 제진구조의 원리를 이용한 설계사례가 나타나기 시작하였다.

그러나 국내에서는 아직 제진구조 설계절차가 제대로 정립되어 있지 못한 상황이며, 설계자에 따라 제진구조 설계방법과 해석방법이 제각각이어서 목표로 하는 성능 및 그 성능을 보증하기 위한 검토방법에 대한 신뢰성을 확보하였다고는 할 수 없는 실정이다. 이 시점에서는 제진구조의 설계절차 및 기준의 정립이 가장 중요하다고 할 수 있다. 그러나 아직 제진구조에 대한 기초연구 및 실험·해석적 검증이 충분하지 못한 상황에서 설계기준을 확립하기에는 시간이 필요할 것으로 판단된다. 하지만 제진구조설계기준이 정립되어 있지 않음에도 불구하고, 최근 들어 설계기술의 발전 및 기술변화가 빨라짐에 따라 우수한 내진성능을 보유하고 있는 제진구조에 대한 사회적 요구가 증대되고 있다.

제진구조 등과 같은 새로운 구조시스템의 설계를 위해서는 다양한 해석변수를 고려하여 수행한 정밀해석결과와 실험적 검증결과를 비교하여 해석모델의 적절성을 검증하고 적용성을 평가해야 한다. 실험과 해석을 통한 검증이 이루어진 새로운 구조시스템이나 구조부재를 실제 건물에 적용하기 위해서는, 실험에 관한 전반적인 흐름뿐만 아니라 실험에서 다루지 못한 현실적인 제한조건이 실험결과에 미치는 영향에 대한 통찰력과 해석모델 수립 시 필요한 모든 정보에 대한 충분한 이해가 뒷받침되어야 한다. 그러나 구조설계 실무자가 이러한 요구조건을 모두 만족시킬 수 있는 능력을 보유한다는 것은 현실적으로 많은 어려움이 존재한다. 이런 어려움을 해소하고 우수한 성능이 검증된 구조시스템과 구조부재의 보다 적극적인 사용을 유도하기 위하여, 미국 등을 중심으로 "구조물 설계에 대한 기술검토(Peer-Review Procedure for Structural Design)"가 제안되고 있다. 구조물 설계에 대한 기술검토는 심의 혹은 승인기관에 의한 최종결과물 평가와 달리, 구조물 설계 초기단계에서부터 적극적으로 구조설계 업무에 동참하여 구조물 설계에 요구되는 다양한 요구조건을 구조설계 실무자와 협의해 가는 과정이라고 할 수 있다.

이러한 배경을 바탕으로 "제진구조설계 기술검토 지침(Peer-Review Guideline for Design of Structures with Damping Systems)"은 설계 초기단계부터 구조물의 실제 거동을 최대한 반영할 수 있는 해석모델 선정, 해석방법, 부재설계 시 예상되는 다양한 요구사항의 반영 및 분석방법 등을 구조설계 실무자와 협의하여, 경제적이고 신뢰도가 높은 구조설계 프로세스가 확보될 수 있는 기술검토 절차를 제시하는 것을 목적으로 한다.

0102 기술검토 지침의 범위 및 내용

구조설계 기술검토는 새로운 구조시스템에 대한 기존의 설계기준, 해석기법, 실험결과 및 연구논문 등을 분석하여 효율적인 구조설계가 이루어지도록 설계 전 과정에 걸쳐 이루어지게 된다. 그림 0102.1과 같은 제진구조설계 기술검토 절차는 설계 프로세스에 따라 다음과 같은 내용으로 구성된다.

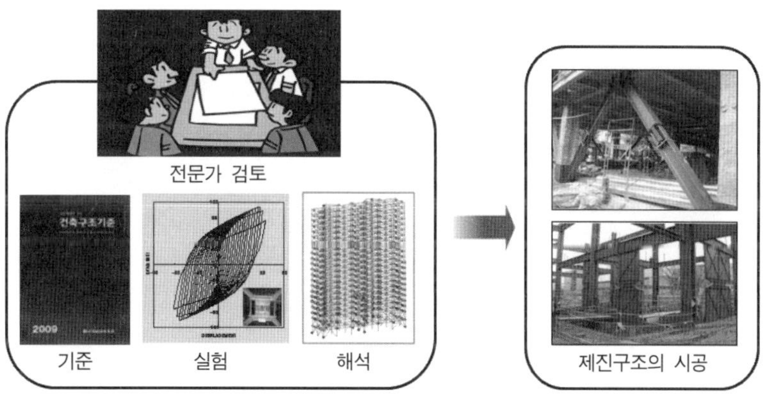

그림 0102.1 제진구조설계 기술검토 절차

(1) 설계에 적용된 기준 및 적용 타당성 분석

- 적용 설계기준의 적합성
- 목표 요구성능의 타당성 및 설계기준과의 부합성
- 설계프로세스의 적합성

(2) 제진장치의 성능 분석

- 제진장치의 종류
- 제진장치 종류에 따른 실험변수의 적합성

- 실험결과 분석 및 성능 분석의 적합성
- 제진장치의 한계성능 예측 및 검증
- 제진장치의 복원력 특성모델의 적합성

(3) **제진구조시스템 구성의 적합성**

- 구조형식에 따른 제진장치 적용성 검토
- 적용 설계기준의 요구성능 검토
- 제진장치의 배치방법에 대한 적합성
- 제진장치와 구조부재의 연결 상세
- 제진장치의 효율성 분석
- 제진구조시스템의 시공성 분석

(4) **제진구조시스템 해석모델의 타당성 분석**

- 해석모델 수립 절차의 타당성
- 구조부재 특성의 타당성
- 실험결과와 해석모델 복원력 특성의 허용오차 검토
- 해석 프로그램의 신뢰성 및 타당성 검토
- 해석절차의 타당성 검토
- 입력하중 및 입력지진파의 타당성 검토

(5) **해석결과 분석**

- 제진구조 전체의 소성힌지 및 손상분포 검토
- 구조부재별 안전성 검토
- 접합부의 안전성 검토
- 해석결과의 변수별 표현방법의 타당성 검토
- 해석결과의 설계기준 요구성능 만족여부 검토
- 제진장치의 효율성 및 안전율 검토

(6) **보고서 작성**

- 검토의견 작성
- 권고사항 및 개선사항 의견 작성

0103 설계자와 검토자의 자격 및 책임

제진구조물에 대한 기술검토 시 요구되는 문서와 제진구조의 설계와 검토에 참여하는 개인이나 단체의 자격, 전문성과 책임에 대해 서술한다. 또한 **제진구조물의 설계자가 기술검토를 위하여 보고서에 포함시켜야 할 내용들을 제시하고, 설계의 각 단계별 검토에서 필요로 하는 요구조건들에 대해서 설명한다.**

0103.1 프로젝트 책임자

기술검토는 프로젝트 책임자의 주관 하에 수행되어야 한다. 여기서 프로젝트 책임자란 프로젝트의 발주자 또는 제진구조물의 설계 및 시공에 대하여 총괄책임을 지닌 개인이나 단체를 의미한다. 프로젝트 책임자는 전문기관에 의뢰하여 구조설계자와는 별개로 독립적인 기술검토자를 구성해야 하며, 이와 관련하여 발생하는 비용을 지불해야 한다.

기술검토자는 제진구조물의 각 설계단계에서 구조설계자에게 조언할 수 있는 자로 구성되어야 한다. 기술검토자의 의견이 설계에 적절히 반영될 수 있도록 제진구조물의 건설과 관련된 관청 및 이해당사자의 조언을 바탕으로 기술검토자를 선발하는 것이 바람직하다.

0103.2 구조설계자

제진구조의 설계를 위해 필요한 정보를 수집하고 관련 기준 또는 절차에 따라 설계를 수행하기 위하여, 구조설계자는 제진구조의 설계와 관련된 자격, 경험 및 전문성이 요구되며, 다음과 같은 요건이 포함된다.

① 제진장치 및 구조재료·부재에 대한 실험결과를 이해할 수 있는 능력

② 제진장치의 동적 특성을 이해하고 제진구조시스템을 설계할 수 있는 능력

③ 제진구조시스템의 해석모델 수립 및 해석 수행능력

구조설계자는 제진구조를 설계함에 있어서 규범적인 절차를 따라 수행하고,

설계결과를 문서화하며, 기술검토자와 협의해야 할 책임이 있다.

제진구조에 대한 실험은 국내 또는 국외의 공인된 실험실에서 수행하는 것을 원칙으로 한다. 이들 실험실은 제진시스템의 재료실험, 구조부재실험, 접합부실험, 골조실험이 가능한 실험기자재를 구비하여 제진시스템의 거동을 평가할 수 있는 능력을 보유하고 있어야 한다. 다만, 기술검토자와의 협의 후 상기 조건을 충족하지 않은 곳에서도 제진구조의 설계와 관련된 실험을 진행할 수도 있다.

구조설계자는 제진구조물을 설계할 수 있는 충분한 전문성을 보유해야 한다. 구조설계자는 건축구조기준(KBC, Korean Building Code)에서 명시하고 있는 내진설계 요건과 제진구조물의 설계와 관련된 국내·외의 관련 기준 또는 지침 등에 대하여 충분한 지식을 보유해야 한다. 제진구조를 실현 가능하게 하기 위해서는 시공이 용이한 시스템으로 구성해야 하며, 제진구조물의 시공기술에 대한 사전지식이 필요하다.

구조설계자가 비선형 해석을 수행하는 경우에는 목표 성능레벨에 상응하는 지반운동에 대하여 설계대상 제진구조물의 비선형 거동을 예측할 수 있는 비선형 해석모델을 이해할 수 있어야 하며, 비선형 동적 해석이 가능한 소프트웨어에 대한 사용경험과 설계기준에서 명시하고 있는 해석절차에 대한 지식과 설계경험이 필요하다.

0103.3 기술검토자

기술검토자는 구조설계자와의 협의를 바탕으로 제진구조물의 성능 및 거동특성의 확인을 위하여 검토보고서에 포함될 내용 및 범위를 선택 또는 추가할 수 있다. 기술검토자는 제진구조물의 설계절차에 대하여 충분한 지식을 보유한 관련분야 전문가로 구성되어야 한다.

기술검토자는 관련 기준 또는 절차에 따라 제진구조시스템 기술검토를 수행하기 위해 제진구조의 설계와 관련된 자격, 경험 및 전문성이 요구되며, 다음과 같은 요건이 포함된다.

① 제진시스템의 재료실험, 구조부재실험, 접합부실험, 골조실험

② 설계와 시공에 대한 엔지니어링

③ 비선형 해석

기술검토자는 실험과 해석을 포함하여 제진구조물의 설계를 엄격하게 평가할 수 있는 자질을 보유해야 한다. 만약 해석 또는 설계에 사용된 프로그램이 구조설계자에 의하여 개발된 것이라면, 이와 다른 방법을 사용하여 이를 검증할 수 있는 능력을 갖추어야 한다.

기술검토자는 제진구조물과 관련된 모든 실험, 제진구조물의 설계요건, 비선형 해석절차와 해석결과에 대한 검토와 함께 모든 설계절차에 대해 검토 및 조언을 할 의무가 있으며, 검토 후 의견과 권고사항 그리고 결론에 대한 견해를 보고서로 작성해야 한다. 기술검토자가 작성한 모든 보고서는 제진구조물의 승인권을 가진 기관에서 검토가 가능하도록 해야 한다.

기술검토 지침은 구조설계자와의 효율적인 협의 절차를 제시한 것이므로, 기술검토자는 심의기능을 목적으로 하지 않음을 분명히 인식하여 권고 및 개선사항을 제시해야 하고 구조설계자와의 의견 불일치 항목을 정리하여 보고서에 포함시켜야 한다.

0104 기술검토에 필요한 문서내용

제진구조물의 설계 및 시공, 관할기관의 검토와 승인, 그리고 기술검토자의 검토와 확인을 위하여 구조설계자는 설계의 중요사항을 문서화해야 한다. 제진구조물의 설계와 관련된 문서에는 아래의 내용들이 포함되어야 한다.

(1) 제진구조물의 일반사항

- 제진구조물의 개요
- 구조재료
- 제진구조물의 수평적 · 수직적 형태를 나타내는 구조도면
- 제진장치의 설치위치
- 제진장치와 지진력저항시스템의 연결부 도면

(2) 제진구조물의 설계하중

- 고정하중과 활하중 등을 포함한 구조물의 동적 거동에 영향을 주는 모든 중력하중
- 지진하중을 제외한 구조물의 수평변위를 발생시키는 수평하중
- KBC에서 제시하고 있는 지진하중

(3) 제진구조물의 동적 특성

- 구조물의 동적 모드에 대한 주기와 모드형상
- 각 모드별 설계 스펙트럼
- 각 모드별 모드중량과 모드 참여계수
- 제진구조물의 동적 특성에 영향을 줄 수 있는 특이사항

(4) 지진력저항시스템의 해석모델

- 해석기법과 해석에 사용한 프로그램
- 감쇠모델과 질량모델 등을 포함한 구조해석 기본 가정사항
- 구조물 하중재하 조건
- 주요 구조부재 거동의 이력모델과 이력모델 특성치

(5) 제진장치의 해석모델

- 제진장치의 종류와 이를 구현할 수 있는 이력모델
- 탄성강성을 포함한 해석에 필요한 모든 강성과 내력 및 비선형 거동 특성
- 제진장치의 한계상태에 대한 기준

(6) 제진장치 실험결과

- 제진장치 관련 모든 실험내용과 결과
- 시험체와 사용 제진장치와의 유사성
- 탄성강성을 포함한 해석에 필요한 모든 강성과 내력 및 비선형 거동 특성
- 제진장치를 구현하기 위한 해석모델과 실험결과와의 오차
- 사용 제진장치에 대한 제품실험 여부와 제품실험 프로그램에 대한 모든 정보

(7) 제진장치 설치 및 유지보수

- 제품생산 시 품질관리계획 및 매뉴얼

- 유지보수 매뉴얼과 절차
- 시공 시 유의사항

(8) 제진구조물 해석결과와 검토

- 요구성능별 층간변위를 포함한 해석결과
- 요구성능별 층별 지진응답 분포
- 요구성능별 제진장치의 응답과 한계상태와의 비교

제 2 장

제진구조설계의 일반사항

2장에서는 제진장치를 사용하여 구조물의 내진성능을 향상시킨 제진구조물의 기본 개념에 대해 기술한다. 또한 대표적인 제진장치와 각 장치별 동적 특성을 소개하고, 제진구조물의 설계법과 해석방법에 대해 개략적으로 설명한다.

0201 제진구조물의 기본 개념

지난 1세기 동안 내진설계의 기본 개념은 설계레벨의 지반운동에 대하여 구조물의 붕괴 및 인명피해를 방지할 수 있도록 구조물의 내진성능을 확보하는 것을 목적으로 하였다. 즉, 설계레벨 지진 발생 시 거주자가 안전하게 대피할 수 있으면서 구조물의 붕괴를 방지할 수 있도록 설계되었다면, 지진 발생 후 구조물이 제 기능을 회복하지 못하더라도 구조물은 적절한 내진성능을 발휘한 것으로 간주하였다. 따라서 현행 내진기준에서는 설계지진에 대해서 인명안전에 해당하는 성능 수준 달성을 내진성능 목표로 하고 있으며, 동시에 해당지역에서 발생 가능한 최대급 지진에 대해서는 붕괴확률이 지극히 낮은 붕괴방지성능 수준을 암시적인 목표성능 수준으로 규정하고 있다.

하지만 지진 발생 후 즉각적으로 구조물의 제 기능을 수행해야 하는 병원, 방송국과 같은 구조물에서는 현행 내진기준에서 정하고 있는 성능 수준보다 높은 수준의 내진성능이 요구되며, 산업화가 극도로 진행된 사회에서는 지진피해로 손상된 건물의 보수 · 보강에 소요되는 비용 등과 같은 직접적인 피해보다 이로 인해 발생할 수 있는 영업중단과 같은 간접적인 피해규모가 더 커지게 되므로, 간접피해를 감소시킬 수 있는 고성능 내진구조물(High seismic performance structures)에 대한 요구가 증가하고 있는 실정이다.

구조물의 횡강성이나 강도를 증가시키는 전통적인 방법은 구조물에 요구되는 이러한 높은 내진성능에 대한 사회 · 경제적 요구를 만족시키기에는 한계가 존재한다. 이러한 문제를 해결하기 위하여 지진으로 인한 구조물의 진동을 기계적인 장치를 통해 제어하는 제진장치를 사용한 구조시스템인 제진구조물(Structures with damping systems)이 하나의 대안으로 제시되고 있다. 지난 반세기 동안 구조물의 내진성능을 향상시킬 수 있는 제진구조시스템에 대한 다양한 학술적 연구가 수행되고 있으며, 이를 바탕으로 실제 구조물에 대한 적용사례가 기하급수적으로 증가하고 있다.

지반운동으로 인한 구조물 내 질량체의 관성력보다 작은 항복내력을 가진 구조물이 지반운동이 끝난 후에도 붕괴되지 않을 수 있다는 사실과 보통의 중요도를 가진 일반 구조물을 설계지진에 대하여 탄성거동을 하도록 설계하는 것이 경제적인 측면에서 달성하기 힘들다는 점 때문에, 우리나라를 포함한 대부분 국가의 내진기준에서는 구조시스템에 따라 하나의 상수로 주어지는 반응수정계수를 이용하여 구조물이 저항해야 하는 관성력을 감소시켜 설계 지진력으로 사용하고 있다. 감소된 설계 지진력을 구조물에 재하하여 탄성해석으로부터 구조물의 부재력을 결정하고 부재설계를 한 후, 주로 층간변위를 이용한 사용성 검토를 수행하는 것으로 구조물의 내진설계가 마무리된다.

이러한 일반적인 내진설계 절차에서 반응수정계수는 매우 중요한 역할을 하게 되며, 항복 후 우수한 연성능력을 바탕으로 에너지 소산능력이 뛰어난 구조물에 높은 반응수정계수를 부여하게 된다. 따라서 1보다 큰 반응수정계수를 사용한 구조물은 실제 설계지진 발생 시 비선형 거동을 하게 되며, 이에 따라 주요 지진력 저항 부재는 구조적 손상을 겪게 된다.

제진구조물은 앞서 설명한 일반적인 내진구조물과 달리 다양한 이력특성을 이용하여 에너지를 소산시킬 수 있는 특수한 장치인 제진장치(Damping device 또는 Damper)를 이용하여 구조물의 내진성능을 확보하게 된다. 제진장치의 배치상 특성 때문에 제진장치의 작동은 지진력저항시스템의 변형에 의존하며, 지반운동에 의해 구조물에 입력되는 에너지의 일정 부분이 제진장치에 의해 소산 또는 흡수되어 구조물의 가속도 및 변위응답이 감소된다. 이론적으로 구조물 고유감쇠에 의해 소산되는 에너지를 제외한 모든 지진입력에너지가 제진장치에 의해서 소산될 수 있다면, 지진력저항시스템은 설계지진 발생 시 탄성거동이 가능해져 구조부재의 구조적 손상을 피할 수 있다. 아울러, 지진이 끝난 후 제진장치를 검사하여 손상부위를 교체할 수 있도록 제진장치를 설치 · 시공한다면 설계지진 후 구조물이 즉각적으로 제 기능을 수행할 수 있기 때문에 지진으로 인한 직 · 간접적인 피해를 최소화 할 수 있다.

0201.1 제진구조물의 지진응답

지진발생 시 제진구조물의 응답에 대한 이해를 높이기 위하여 주어진 지진파에 대해 단자유도 구조물의 각 주기별 최대가속도와 최대변위를 즉각적으로 구할 수 있다는 장점 때문에, 구조물 설계에 널리 사용되고 있는 탄성응답 스펙트럼을 이용하여 일반내진구조물과 제진구조물의 지진응답을 비교하고자 한다. 그림 0201.1은 이를 위하여 사용된 지반가속도로, 1940년에 발생한 진도 6.9의 El Centro(Imperial Valley) 지진 동안 진앙으로부터 10km 지점에서 측정된 데이터이며, 최대지반가속도는 0.461g, 지진파 54초 동안의 지반가속도가 기록되었다.

구조물의 에너지 소산능력은 일반적으로 등가 점성감쇠비(Equivalent viscous damping ratio, ξ_{eq})라는 계량화된 수치로 표시하며 (식 2.1)에 의해 구해진다.

$$\xi_{eq} = \frac{W_D}{4\pi W_S} \qquad \text{(식 2.1)}$$

여기서, W_S는 구조물의 변형에너지로 할선강성과 변위에 의해서 결정되는 값이며, W_D는 구조물이 소산한 에너지로 탄성구조물의 경우 구조물 자체가 가지고 있는 고유감쇠(Inherent damping)만이 유일한 에너지 소산원이 되는 반면, 제진구조물은 고유감쇠와 에너지 소산능력이 있는 제진장치가 제공하는 추가 감쇠(Added damping)의 합으로 구할 수 있다. 따라서 제진장치의 에너지 소산량보다는 무차원 계수인 감쇠비를 비교변수로 이용하여 일반 내진구조물의 지진응답과 비교하는 것이 제진구조물의 응답특성을 이해하는데 편리하다.

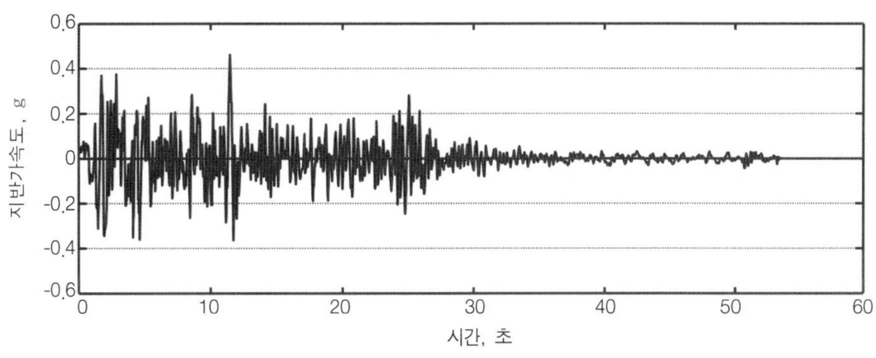

그림 0201.1 지반가속도 기록

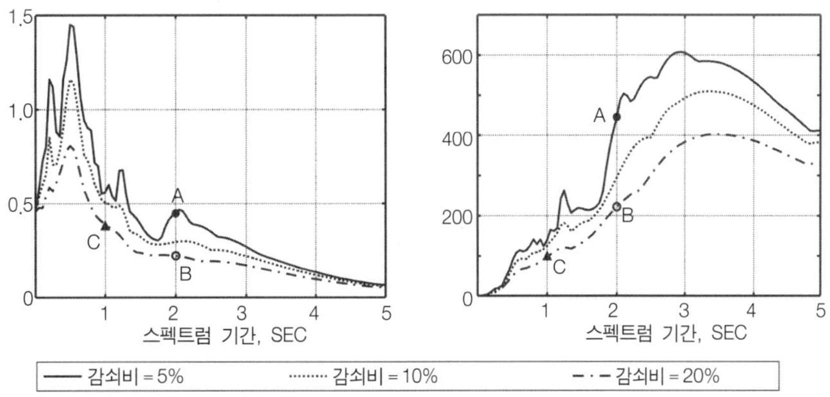

그림 0201.2 가속도 및 변위응답 스펙트럼

그림 0201.2는 El Centro 지진에 대한 감쇠비가 5%, 10%, 20%인 탄성 단자유도 구조물의 가속도와 변위응답 스펙트럼이다. 그림에서 보는 바와 같이 감쇠비가 증가함에 따라 구조물의 가속도와 변위응답이 감소하는 것을 알 수 있다. 예를 들어 주기가 2초이며, 일반적인 내진설계에서 고려하는 5% 고유감쇠비만 가진 단자유도 구조물의 최대가속도와 변위 응답은 그림에서 A로 표시할 수 있다. 만약 구조물의 탄성주기에 영향을 주지 않으면서 15%의 감쇠비를 추가할 수 있는 제진장치를 설치하였다고 가정하면, 제진장치가 제공하는 에너지 소산능력으로 인하여 제진구조물의 최대가속도와 변위응답이 B로 이동하게 되어, El Centro 지진의 경우 최대가속도와 변위응답이 약 50% 감소하는 것을 알 수 있다. 보통의 경우 제진장치를 구조물에 추가하게 되면 강성이 증가되고 이에 따라 탄성주기가 감소하게 된다. 예를 들어 제진장치의 설치로 인한 탄성주기가 2초에서 1초로 감소하고 제진장치에 의한 추가 감쇠비가 15%인 제진구조물의 최대가속도와 변위응답은 그림 0201.2의 C와 같게 된다. 강성 증가와 제진장치의 추가 감쇠에 따른 복합적인 영향으로 인하여 최대가속도 응답은 A점보다는 적지만 B점보다는 증가하게 된다.

제진장치로 인한 구조물의 추가 강성이 큰 경우, 제진장치를 설치하지 않은 구조물에 비해 가속도 응답이 증가하는 경우가 있으므로 이에 대한 주의가 요구된다. 가속도 응답의 증가는 제진구조물의 관성력을 증가시키기 때문에 구조부재의 부재력이 증가될 수 있다. 하지만 제진장치 설치에 따른 강성 증가로 인해 최대변위응답은 B점에 비해 현저히 감소됨을 알 수 있다.

이상의 예는 하나의 지진파로부터 얻은 가속도와 변위 탄성응답 스펙트럼을 이용하여 제진장치에 의한 지진응답 감소효과를 나타내었으나, 제진장치를 사용한 제진구조물의 지진응답을 보다 정확하게 평가하기 위해서는 하나의 지반운동 데이터보다는 해당 건설지역에서 발생할 수 있는 지반운동을 대표할 수 있는 설계 스펙트럼을 사용하고, 제진구조물의 비선형성을 고려한 응답 스펙트럼을 사용해야 한다.

0201.2 에너지 평형방정식

제진구조물은 지진으로부터 구조물에 입력되는 에너지의 일정 부분을 제진장치를 통하여 소산시켜 구조물의 에너지 소산능력을 증대시킨다는 관점에서 볼 때, 힘의 평형을 이용한 운동방정식보다는 에너지 평형방정식을 사용하여 제진 구조물의 응답특성을 파악하는 것이 보다 직관적이라 할 수 있다. 지반운동에 의한 단자유도 구조물의 에너지 평형방정식은 (식 2.2)의 운동방정식으로부터 구할 수 있다.

$$m\ddot{x}(t) + c\dot{x}(t) + F_r(t) = -m\ddot{x}_g(t) + F_s \qquad \text{(식 2.2)}$$

여기서, m은 구조물의 질량, c는 구조물의 감쇠정수, F_r과 F_s는 구조물 또는 제진장치의 비선형성을 고려한 복원력과 지반운동이 발생하기 전 구조물에 가력되는 중력방향 외력이며, $\ddot{x}(t)$, $\dot{x}(t)$, $x(t)$는 지반에 대한 질점의 상대가속도, 속도와 변위이며, $\ddot{x}_g(t)$는 시간에 따른 지반가속도이다.

단자유도 구조물의 운동방정식으로부터 미소변위, dx에 대한 일량을 적분하여 얻어지는 에너지 평형방정식은 (식 2.3)과 같이 표현된다.

$$\int m\ddot{x}(t)dx(t) + \int c\dot{x}(t)dx(t) + \int F_r(t)dx(t)$$
$$= -\int m\ddot{x}_g(t)dx(t) + \int F_s dx(t) \qquad \text{(식 2.3)}$$

변위, 속도, 가속도에 대한 미분관계식은 다음과 같다.

$$dx(t) = \dot{x}(t)dt \qquad d\dot{x}(t) = \ddot{x}(t)dt \qquad \text{(식 2.4)}$$

(식 2.4)를 (식 2.3)의 좌변 첫 번째 항에 대입하면, (식 2.5)와 같은 단자유도 구조물의 에너지 평형방정식을 구할 수 있다.

$$\int m\dot{x}(t)d\dot{x}(t) + \int c\dot{x}(t)dx(t) + \int F_r(t)dx(t)$$
$$= -\int m\ddot{x}_g(t)dx(t) + \int F_s dx(t) \qquad \text{(식 2.5)}$$

진동 시작으로부터 시간 t까지의 에너지 평형방정식은 (식 2.6)과 같이 간략화 할 수 있다.

$$E_k(t) + E_v(t) + E_r(t) = E_{IN}(t) + E_{st}(t) \qquad \text{(식 2.6)}$$

$E_k(t)$는 (식 2.5)의 좌측변의 첫 번째 항과 같으며 지반에 대한 질점의 운동에너지로 정의된다. $E_v(t)$는 (식 2.5)의 좌측변의 두 번째 항과 같으며 등가의 점

성 감쇠기에 의해 소산되는 에너지를 나타내며, 구조물의 고유감쇠 또는 속도의존형 제진장치에 의해서 소산되는 에너지를 표현할 때 사용하는 것이 일반적이다. 그리고 $E_r(t)$는 (식 2.5)의 좌측변의 마지막 항과 같으며 변위의존형 제진장치를 포함한 구조물의 이력곡선에 의해 흡수 또는 소산되는 에너지이다. $E_{IN}(t)$와 $E_{st}(t)$는 각각 (식 2.5)의 우측변 첫 번째와 두 번째 항과 같고, 지반운동에 의해 구조물에 입력되는 에너지와 지반진동 전 재하하중에 의한 일로 정의할 수 있다.

구조물의 고유감쇠와 속도의존형 제진장치에 의해 소산되는 에너지양은 다음과 같이 세분할 수 있으며,

$$E_v(t) = E_{id}(t) + E_{vd}(t) = \int c\dot{x}(t)dx(t) \qquad \text{(식 2.7)}$$

항상 양의 값이기 때문에 시간 t가 지남에 따라 점차 증가하며, 구조물의 고유감쇠에 의해서 소산되는 에너지 $E_{id}(t)$와 속도의존형 제진장치에 의한 소산에너지 $E_{vd}(t)$로 구성되어진다. 반면 구조물의 소성변형과 제진장치의 이력곡선에 의해서 흡수되는 에너지양은 (식 2.8)과 같다.

$$E_r(t) = E_{el}(t) + E_{hs}(t) + E_{hd}(t) = \int F_r(t)dx(t) \qquad \text{(식 2.8)}$$

여기서, $E_{el}(t)$, $E_{hs}(t)$과 $E_{hd}(t)$는 각각 탄성거동에 의한 탄성변형에너지, 구조물의 소성거동에 의해 소산되는 에너지, 변위의존형 제진장치에 의해 소산되는 에너지이다. $E_{hs}(t)$와 $E_{hd}(t)$는 $E_v(t)$와 유사하게 시간에 따라 소산에너지양이 지속적으로 축적된다. 특히 $E_{hs}(t)$는 구조물의 소성변형에 의한 에너지 소산량이므로 구조부재의 손상과 관련이 있다.

일반적으로 질점의 운동에너지 E_k, 재하하중에 의한 일 E_{st}와 탄성변형에너지 E_{el}는 시간이 지남에 따라 축적과 방출을 거듭하게 되어 지반운동이 끝날 때에는 미소량만 남게 된다. 따라서 지반운동이 끝날 때까지 제진구조물로 입력되는 지진에너지 E_{IN}는 E_{id}, E_{vd}, E_{hs}와 E_{hd}의 합과 거의 같게 된다. 이 중 E_{id}는 일반적으로 제진장치의 유무와 상관없는 고유감쇠(내진설계 시 주로 5%를 사용함)에 의한 에너지 소산량이다. 결과적으로, 제진장치에 의해서 소산되는 에너지양인 E_{vd}와 E_{hd}가 증가하게 되면 제진장치를 제외한 나머지 구조부재에

서 소산시키는 에너지양인 E_{hs}이 감소되어 구조부재의 소성변형과 이에 따른 손상을 최소화시킬 수 있다.

0202 제진장치의 종류 및 특성

영국의 과학자 하우스너(Housner)가 에너지 개념을 이용하여 제진구조물의 기본 개념을 제창한 1950년 후반 이래, 1960년대 후반 일본과 1970년대 초반 뉴질랜드를 중심으로 제진장치의 구조물 적용이 본격적으로 시작되었다. 1970년대 후반부터 제진장치의 적용이 가속화되어 바람과 지진 등 구조물의 동적 거동을 유발하는 외력에 의해 발생하는 구조물의 진동을 제어할 수 있는 다양한 종류의 제진장치가 개발되고 있다.

제진장치는 크게 수동형 제진장치와 반능동형·능동형 제진장치로 구분할 수 있다. 수동형 제진장치는 외부의 전력공급이 없이 지진에너지의 일정 부분을 소산할 수 있도록 고안된 장치인 반면, 반능동형·능동형 제진장치는 입력신호(동적 하중의 크기와 방향)에 따라 제진장치가 이에 반작용하여 구조물의 진동을 제어하는 방식으로 제진장치의 진동제어를 위해 외부 전원장치와 액추에이터, 센서제어기술 등이 필요하다. 일반적으로 수동형 제진장치는 변위의존형 제진장치(Displacement dependent dampers), 속도의존형 제진장치(Velocity dependent dampers)와 동조형 제진장치(Motion-activated dampers)로 구분할 수 있으며, 표 0202.1에는 수동형 제진장치의 분류와 이력거동을 정리하였다. 본 지침에서는 국내 건설 및 지진환경에 비추어 적용성이 높을 것으로 예상되는 수동형 제진장치인 변위의존형 제진장치와 속도의존형 제진장치에 대해 주로 다루기로 한다.

표 0202.1 수동형 제진장치의 분류

변위의존형 제진장치		속도의존형 제진장치		동조형 제진장치
강재이력형	마찰형	점탄성	점성	
				TMD
힘 / 변위	힘 / 변위	힘 / 변위	힘 / 변위	TLD

0202.1 변위의존형 제진장치(Displacement-dependent Dampers)

변위의존형 제진장치는 장치 양쪽 끝단의 상대변위에 의해 발생하는 장치의 탄소성 거동을 이용하여 지진에너지를 소산시킬 수 있도록 고안된 장치이다. 대표적인 변위의존형 제진장치로는 강재의 소성능력을 이용하여 지진에너지를 소산시키는 강재이력형 제진장치와 마찰력과 미끄러짐 관계에 의한 마찰에너지로 지진에너지를 소산할 수 있도록 고안된 마찰형 제진장치 등이 있다.

0202.1.1 강재이력형 제진장치(Steel Hysteretic Dampers)

구조용 강재가 탄성한계 이상의 응력을 받게 되면 강재는 항복을 하게 되고 소성변형이 발생한다. 그림 0202.1과 같은 응력-변형도 곡선을 보이는 강재가 항복변형도 이상의 변형을 하게 되면 가력하중을 제거하더라도 잔류변형, 즉 손상을 입게 되면서 입력에너지가 소산된다. 이때 강재의 단위체적당 소성변형에 의해 소산된 에너지양은 응력-변형도 곡선에 의해 둘러싸인 면적으로 정의되며, 소산된 에너지양은 변형경화를 겪은 후 더욱 확대되는 것을 알 수 있다.

그림에 나타낸 강재의 응력-변형도 관계 곡선을 해석의 편의를 위하여 탄소성 이선형 이력곡선으로 간략화 하는 것이 일반적이나, 보다 정확한 해석을 위하여 바우싱거 효과를 고려하는 경우도 있다. 설계지진 시 강재이력형 제진장치의 변형속도가 매우 높기 때문에 이로 인한 기계적 성질의 변화를 고려해야 한다. 일반적으로 항복응력은 변형속도가 증가함에 따라 증가하는 경향이 있지만, 고강도가 될수록 그 영향이 줄어든다. 그리고 강재의 탄성계수와 변형경화 영역에서의 강성은 변형속도에 거의 영향이 없는 것으로 알려져 있다. 이러한 강재의 기계적 성질은 구조물의 내진성능을 향상시키기 위한 제진장치로 매우 유용한 재료적 특성이다.

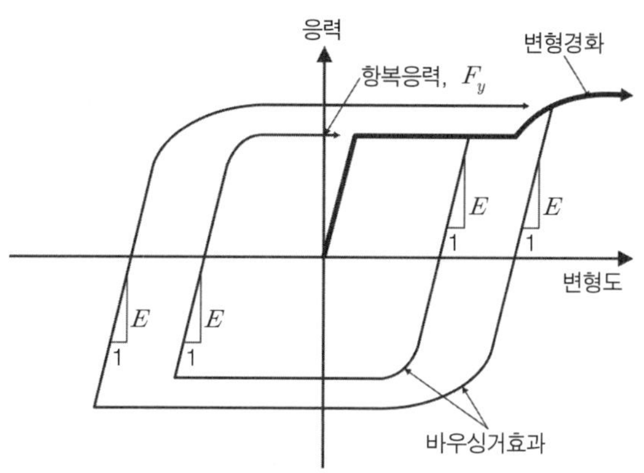

그림 0202.1 강재의 응력-변형도 곡선

강재이력형 제진장치를 사용한 제진구조물의 밑면전단력과 지붕층 변위 관계를 그림 0202.2와 같이 이상화할 수 있다. 이 그림에서는 제진장치를 제외한 지진력저항시스템과 제진장치만으로 이루어진 가상의 구조물을 탄소성 거동을 하는 것으로 가정하였다. 제진장치의 강성은 지진력저항시스템의 강성 k_f보다 커야 하는 반면, 제진장치의 항복내력 V_{yd}은 지진력저항시스템의 항복내력 V_{yf}에 비해 작아야 제진장치의 에너지 소산량이 극대화되어 지진력저항시스템의 손상을 최소화 할 수 있다. 뿐만 아니라 제진장치는 뛰어난 연성능력을 발휘하여 대변형에도 강도의 저감이 발생하지 않으면서 안정적인 이력곡선이 구현될 수 있도록 고안되어야 한다.

이와 같은 강재이력형 제진장치에 대한 일반적인 요구조건 때문에 제진구조물은 단조가력 시 그림 0202.2에서 보는 바와 같이 삼선형 거동(Tri-linear behavior)을 하게 된다. 제진장치가 항복할 때까지 강재이력형 제진장치와 지진력저항시스템이 동시에 지진력에 대해 저항하기 때문에 높은 강성을 보이는 반면, 제진장치가 항복한 후에는 지진력저항시스템의 강성만 남기 때문에 제진구조물의 강성이 감소하게 된다.

마지막으로 제진장치와 지진력저항시스템의 항복내력의 합에 해당하는 지진력이 재하되면 제진구조물은 완전히 항복하게 되어 추가적인 횡력에 대한 저항력을 상실하게 된다. 제진구조물의 삼선형 거동을 바탕으로 지진력저항시스템이 항복하기 이전에 제진장치의 소성변형으로 충분한 양의 지진에너지를 소산시킬 수 있다면, 이론적으로 지진력저항시스템의 모든 구조부재는 탄성영역에 있게 되어 구조적 손상이 없으며, 소성변형으로 인한 구조적 손상이 제진장치에만 집중되어 지진이 끝난 후 구조물을 다시 사용하고자 하는 경우 제진장치만 교체하면 된다.

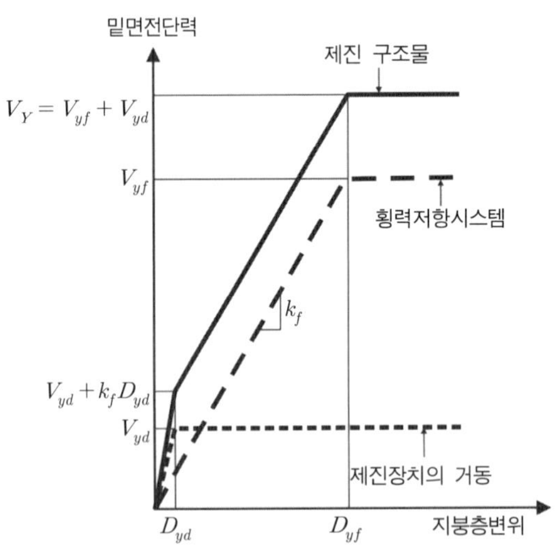

그림 0202.2 변위의존형 제진장치를 가진 제진구조물의 거동

앞서 언급한 강재 자체의 기계적 성질과 우수한 에너지 소산능력은 구조물의 내진성능 향상을 위한 기본적인 요구조건을 만족시킨다. 뿐만 아니라 구조엔지니어에게 비교적 익숙한 역학적 특성과 다른 제진장치에 비해 우수한 경제성으로 인하여 강재이력형 제진장치의 다양한 실적용 사례가 있다. 하지만 지진력저항시스템이 소성변형을 할 경우, 또는 제진장치가 주요한 횡력저항요소로 사용되는 구조물의 경우에는 지진 발생 후 잔류변형이 남게 되어 구조물이 다시 제

기능을 수행하기 위해서 비교적 많은 보수 · 보강 비용과 시간이 요구되는 약점이 있다. 그리고 바람으로 인한 풍하중에 대해서 강재이력형 제진장치는 탄성영역에서 거동해야 하므로 바람에 의한 구조물 진동에너지를 소산시켜 사용성을 향상시키는 목적으로는 사용할 수 없다.

0202.1.2 마찰형 제진장치(Friction Dampers)

마찰형 제진장치는 마찰면의 마찰력과 미끄러짐의 역학관계를 이용하여 지진에너지를 소산시킬 수 있도록 고안된 제진장치이다. 표 0202.1의 마찰형 제진장치의 이력거동에서 보듯이, 장치의 양 끝단의 상대변위가 발생하기 전까지, 즉 미끄러짐 현상이 발생하기 전까지는 거의 무한강성을 가지나 미끄러짐 현상이 발생한 이후부터는 내력이 증가하지 않는 사각형 모양의 거동을 보인다. 하지만 마찰형 제진장치와 지진력저항시스템을 연결하는 연결부의 탄성거동을 고려하면, 앞서 설명한 강재이력형 제진장치와 유사한 탄 · 소성 이력거동으로 가정하는 것이 일반적이다. 따라서 마찰형 제진장치를 사용한 제진구조물은 강재이력형 제진장치를 한 구조물과 같이 삼선형 이력거동으로 가정할 수 있다. 그리고 그림 0202.3과 같이 마찰형 제진장치는 일반적으로 강재이력형 제진장치에 비하여 초기 탄성강성이 매우 크기 때문에 동일 변위의 지진력저항시스템에 대해 강재이력형 제진장치보다 많은 지진에너지 소산할 수 있다는 장점이 있다.

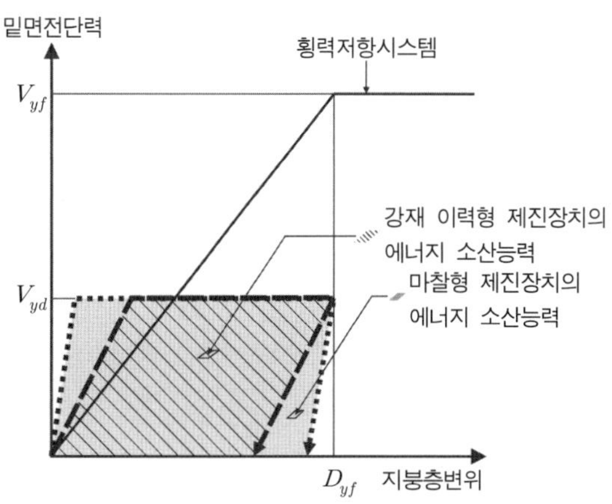

그림 0202.3 변위의존형 제진장치의 에너지 소산능력

마찰에 의한 사각형 모양의 이력거동을 제진장치에 적용하기 위해서는 마찰력이 일정하게 유지되는 안정적인 이력형상을 보여야 한다. 마찰면에서 마찰거동이 시작하는 시점과 운동방향이 바뀌는 순간 정지 마찰력이 발생하며, 이후 발생하는 마찰력은 운동속도의 영향으로 점차 감소하여 원점을 지나는 순간 한 사이클 내에서 최소 마찰력을 보이게 된다. 이와 같은 운동이 지속되어 회전수가 증가하게 되면 마찰재의 마모 등으로 인하여 마찰력은 더욱 감소되는 것이 일반적이나, 마찰재의 마모로 인해 발생된 잔류물질이 마찰면 내에 존재하는 경우에는 갑작스러운 마찰력 증가가 발생하기도 한다. 마찰거동은 마찰면에 수직압축력을 재하할 수 있는 기계적 장치가 있어야 하는데, 기 인장력을 도입한 고력볼트 결합은 이에 대한 대표적인 예이다. 고력볼트 결합을 이용하여 마찰 메커니즘을 구현하면 운동 중 마찰재가 마모되어 마찰재의 두께가 얇아지면서 고력볼트의 인장력이 상실된다. 따라서 마찰면에 가해지는 수직압축력이 작아지게 되고, 결국 마찰력이 감소되는 원인이 된다. 뿐만 아니라 동질 재료로 구성된 마찰면의 경우 수직압축력에 의해 밀착된 상태가 장시간 유지되면 분자간의 결합이 일어나 부분적으로 용접이 된 것과 같은 현상이 일어나게 되며, 이러한 현상은 용접파단 전까지 급격한 마찰력의 상승과 함께 파단 후 급격하게 마찰력이 감소되는 불안정 마찰거동의 원인이 된다.

이와 같이 마찰형 제진장치의 이력특성에 영향을 줄 수 있는 많은 영향인자들이 있으므로, 이들의 영향을 최소화하여 안정적인 이력거동을 유도할 수 있는 마찰재를 사용해야 한다. 그리고 마찰면에 가해지는 수직압축력은 마찰력에 미치는 영향이 크기 때문에 이를 점검할 수 있는 물리적 장치도 요구된다.

0202.2 속도의존형 제진장치(Velocity-dependent Dampers)

속도의존형 제진장치에 사용되는 점성 혹은 점탄성(粘彈性) 물질은 지난 수십 년 동안 항공산업에서 충격흡수재로 널리 사용되어 왔으나, 미국 뉴욕에 위치한 월드 트레이드 센터(World Trade Center)에 약 10,000개의 점탄성 제진장치를 사용한 1969년부터 토목·건축구조물의 바람에 의해 발생하는 진동을 제어할 목적으로 사용되기 시작하여 최근에는 사용범위가 지진으로 인한 구조물의 진동제어까지 확대되고 있다.

장치 양쪽 끝단의 상대속도에 의해 에너지를 소산시키는 속도의존형 제진장치의 특성으로 인하여 하중–변위곡선은 일반적으로 운동 주파수에 의해 결정된다. 구조물의 동적 거동 시 구조물의 저항력과 장치의 저항력 사이에 위상차가 발생하기 때문에 제진장치와 구조물이 동시에 최대하중에 도달하는 변위의존형 제진장치와 달리 속도의존형 제진장치와 구조물의 최대하중 도달시점이 다르다. 이는 제진장치와 결합되어 있는 구조부재와 기초부재의 설계하중을 변위의존형 제진구조물에 비하여 낮출 수 있음을 의미한다. 여기서는 속도의존형 제진장치를 점성 제진장치와 점탄성 제진장치로 구분하여 설명하고자 한다. 단, 점탄성 제진장치의 경우 상대변위가 장치의 하중–변위곡선에 영향을 미치는 변위의존성도 공존함을 유념해야 한다.

0202.2.1 점성 제진장치(Viscous Dampers)

그림 0202.4는 가장 보편적인 점성 제진장치의 단면도로 두 개의 챔버(Chamber), 오리피스(Orifice)가 있는 피스톤(Piston), 장치의 외관을 형성하는 실린더(Cylinder)로 구성되어 있다. 오리피스는 점성물질이 이동할 수 있는 피스톤 헤드에 있는 가는 관(통로)을 말한다. 피스톤 헤드에 의해서 나누어지는 두 개의 챔버에는 점성물질로 채워지며 압축액체 실리콘(Compressed Silicone Fluid)이 주로 사용된다. 제진장치가 압축력을 받으면 피스톤은 제2 챔버로 움직이게 되고, 제2 챔버에 있던 점성물질은 제1 챔버로 오리피스를 통해 넘어오게 된다. 이때 피스톤 헤드와 오리피스 관의 단면적의 차로 인한 압력편차(Pressure differential)가 발생하며, 베르누이(Bernoulli) 방정식에 의해 (식 2.9)와 같은 저항력 P가 발생하게 된다.

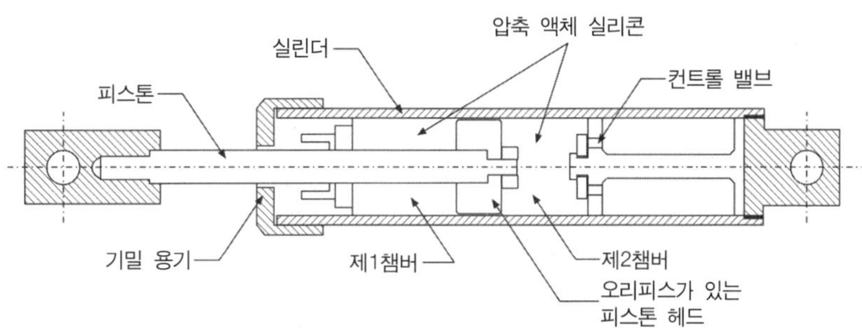

그림 0202.4 점성 제진장치

$$P = b\frac{\rho}{2n^2 C_{dc}^2}\left(\frac{A_p}{A_o}\right)^2 \dot{x}_p^{\alpha} sig(\dot{x}_p) \qquad \text{(식 2.9)}$$

여기서, b는 상수, ρ는 점성물질의 밀도, n은 오리피스의 개수, C_{dc}는 오리피스의 유량계수(Discharge Coefficient), A_p는 피스톤 헤드의 단면적, A_o는 오리피스의 단면적, $\dot{x}_p$는 피스톤의 운동속도, $sig(\bullet)$는 sign함수이다. 식으로부터 점성물질의 밀도가 높을수록, 오리피스의 단면적에 대한 피스톤 헤드의 단면적 비와 피스톤의 운동속도가 클수록 점성 제진장치의 저항력이 커짐을 알 수 있다.

$\dot{x}_p$의 지수 α는 오리피스의 경로를 조절함에 따라 일반적으로 0.5에서 1.2까지 변화시킬 수 있다. $\alpha = 1.0$인 점성 제진장치를 선형 점성 제진장치라 하고, 그 이외의 값을 가지는 제진장치를 비선형 점성 제진장치라고 한다. 비선형 점성 제진장치의 경우 선형으로 가정하여 설계한 후 최종적으로 비선형성을 고려하기 때문에, 여기서는 주로 선형 점성 제진장치에 대해서 기술하고자 한다. 피스톤 헤드의 운동속도 $\dot{x}_p$가 장치의 운동속도 $\dot{x}_d$와 같다면 선형 점성 제진장치는 (식 2.9)를 (식 2.10)과 같이 단순화 할 수 있다.

$$P = C\dot{x}_d \qquad \text{(식 2.10)}$$

C는 선형 점성 제진장치의 감쇠정수(Damping Coefficient)로 장치의 특성치이다.

선형 점성 제진장치가 진폭 X_d와 회전 진동수 ω를 가진 sine함수 형태 $x_d(t) = X_d \sin\omega t$의 거동을 하면 시간 t에서 제진장치의 감쇠력 $f_d(t)$은 다음과 같이 구할 수 있다.

$$f_d(t) = CX_d\omega\cos\omega t = \pm\, CX_d\omega\sqrt{1 - \frac{x_d^2(t)}{X_d^2}} \qquad \text{(식 2.11)}$$

식으로부터 선형 점성 제진장치는 최대변위($x_d(t) = X_d$)에서는 감쇠력이 0인 반면, 변위가 0인 점을 지날 때 최대감쇠력 $CX_d\omega$에 도달하는 그림 0202.5와 같은 타원형 모양의 이력거동을 함을 알 수 있으며, 감쇠력은 제진장치의 감쇠정수, 회전 진동수와 최대진폭에 따라 선형적으로 증가한다. 선형 점성 제진장치의 에너지 소산능력은 하중-변위곡선의 내부 면적으로 계산하며 매 사이클 (식

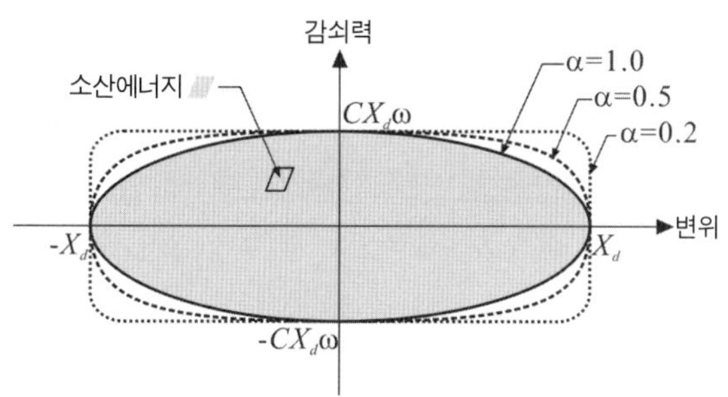

그림 0202.5 점성 제진장치의 하중-변위 관계 곡선

2.12) 만큼의 진동에너지를 소산한다.

$$E_d = \int_0^{2\pi/\omega} f_d(t)\dot{x}_d(t)dt$$

$$= CX_d^2\omega^2\int_0^{2\pi/\omega}\cos^2\omega t dt = \pi CX_d^2\omega \quad \text{(식 2.12)}$$

선형 점성 제진장치의 에너지 소산능력은 장치의 감쇠정수, 진폭과 회전진동수에 의해 결정되며, 특히 진폭이 증가할수록 에너지 소산능력이 기하급수적으로 증가한다는 점에서 회전진동수는 유지하면서 진폭을 증가시킬 수 있는 토글 타입의 점성 제진장치는 일반적인 대각 가새 타입의 점성 제진장치에 비하여 월등히 우수한 에너지 소산능력을 발휘할 수 있다. 그림 0202.5는 $\alpha=0.2$와 $\alpha=0.5$의 비선형 점성 제진장치의 이력거동을 선형 점성 제진장치와의 비교를 위하여 표시하였다. α가 0에 가까워질수록 에너지 소산면적이 증가함을 알 수 있다. 하지만 최대변위에서 장치의 저항력이 증가하여 위상차에 의한 점성 제진장치의 장점을 잃게 된다.

0202.2.2 점탄성(粘彈性) 제진장치(Visco-Elastic Dampers)

점성 제진장치는 속도에 의한 감쇠력만 제공하기 때문에 변위에 대한 저항시스템이 요구된다. 반면에 점탄성 제진장치는 점성 제진장치와 유사한 속도에 의한 감쇠력뿐만 아니라 변위에 저항할 수 있는 탄성력도 함께 보유하고 있는 것이 특징이다. 이와 같은 성질을 보유한 대표적인 재료로 혼성중합체(Copolymer) 계열과 유리질(Glassy substance) 계열의 물질이 있다. 점탄성 제진장치의 이력거동을 구현하기 위하여 가장 보편적으로 사용되는 이력모델이 그림

0202.6에서 보는 탄성의 성질을 표현하는 스프링 요소와 점성의 성질을 나타내는 데시팟(Dash-pot)을 병렬로 배치한 켈빈 솔리드(Kelvin Solid) 모델이다.

단위높이와 단위면적을 가진 점탄성 제진장치의 이력곡선은 응력과 변형도의 관계를 이용하여 규명할 수 있다. 스프링 요소와 데시팟을 병렬로 배치하였기 때문에 응력 평형방정식과 변형 및 속도의 적합성을 이용하여 다음과 같은 식을 수립할 수 있다.

$$\tau_E(t)+\tau_c(t)=\tau_s(t)$$

$$\gamma_E(t)=\gamma_c(t)=\gamma_s(t)$$

$$\dot{\gamma}_E(t)=\dot{\gamma}_c(t)=\dot{\gamma}_s(t) \qquad \text{(식 2.13)}$$

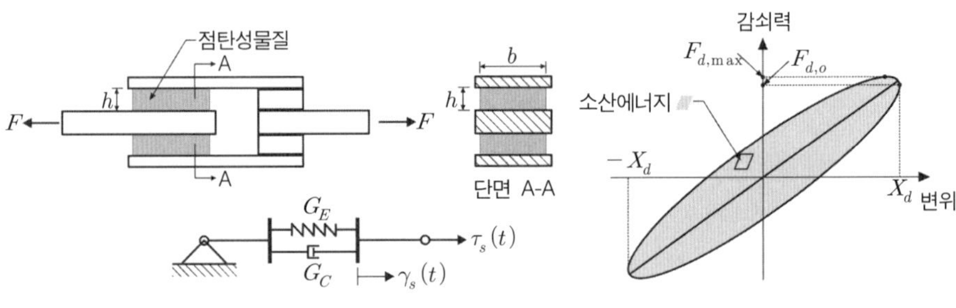

그림 0202.6 점탄성 제진장치의 해석모델과 이력거동

여기서, $\tau_E(t)$, $\tau_c(t)$와 $\tau_s(t)$는 각각 시간 t에서의 스프링 요소의 응력, 데시팟의 응력, 제진장치의 응력이며, $\gamma_E(t)$, $\gamma_c(t)$와 $\gamma_s(t)$는 스프링 요소, 데시팟, 제진장치의 변형도이다. 후크(Hook)의 법칙과 스프링과 데시팟의 전단탄성계수 G_E와 G_c를 이용하면 (식 2.13)을 다음과 같이 쓸 수 있다.

$$\tau_s(t)=G_E\gamma_s(t)+G_c\dot{\gamma}_s(t) \qquad \text{(식 2.14)}$$

(식 2.14)를 높이 h이고 전단면적이 A_s인 점탄성 제진장치에 적용하면 다음과 같은 하중-변위 관계식을 구할 수 있다.

$$f_d(t)=\bar{k}x(t)+\bar{c}\dot{x}(t)\leftarrow\bar{k}=\frac{G_EA_s}{h},\ \bar{c}=\frac{G_cA_s}{h} \qquad \text{(식 2.15)}$$

점성 제진장치와 유사하게 점탄성 제진장치가 진폭 X_d와 회전 진동수 ω를 가진 sine함수 형태 $x_d(t) = X_d \sin\omega t$의 거동을 가정하면 시간 t에서 제진장치의 감쇠력 $f_d(t)$은 다음과 같이 구할 수 있다.

$$
\begin{aligned}
f_d(t) &= \bar{k} X_d \sin\omega t + \bar{c} X_d \omega \cos\omega t \\
&= \bar{k} x(t) \pm \bar{c} X_d \omega \sqrt{1 - \frac{x^2(t)}{X_d^2}}
\end{aligned}
\qquad \text{(식 2.16)}
$$

(식 2.16)은 그림 0202.6에서와 같은 기울어진 타원형 모양의 이력곡선이 되며, 주축의 기울기는 $\bar{k}$로 정의된다. 제진장치가 최대변위에 도달했을 때 ($x_d(t) = X_d$)의 감쇠력 $F_{d,o}$은

$$
F_{d,o} = \frac{G_E A_s}{h} X_d \qquad \text{(식 2.17)}
$$

과 같고, 장치의 최대감쇠력 $F_{d,\max}$은 (식 2.18)과 같다.

$$
\begin{aligned}
\frac{F_{d,\max}}{A_s X_d} &= \frac{G_E}{h\sqrt{1 + \left(\frac{G_c}{G_E \omega}\right)^2}} + \frac{G_c \omega}{h} \sqrt{1 - \frac{1}{\sqrt{1 + \left(\frac{G_c}{G_E \omega}\right)^2}}} \leftarrow x \\
&= \frac{X_d}{\sqrt{1 + \left(\frac{G_c}{G_E \omega}\right)^2}}
\end{aligned}
\qquad \text{(식 2.18)}
$$

매 사이클당 점탄성 제진장치가 소산하는 에너지양은 기울어진 타원형 이력곡선의 내부면적으로 구할 수 있으며, 스프링 요소는 에너지를 소산할 수 없기 때문에 데시팟에 이력거동에 의해 에너지 소산량이 결정되며, 이는 선형 점성 제진장치와 같은 식으로 구할 수 있다.

0203 제진구조 설계법

중력방향 하중과 바람하중에 대한 구조물의 설계는 구조부재의 크기와 특성을

가정하여 해석모델을 수립하고, 해석결과를 바탕으로 구조물 및 구조부재의 강도 검토와 사용성 검토 순으로 설계를 진행한다. 구조부재의 크기를 가정하면 중력방향 하중과 바람하중을 계산할 수 있으며, 계산된 하중을 탄성해석모델에 직접 입력하여 부재력을 구하고 구조부재가 탄성역에 있도록 설계한다. 반면 지진력을 받는 일반 구조물의 내진설계와 제진구조물의 설계는 지진력저항시스템 또는 제진장치의 소성변형과 이에 따른 지진에너지 소산능력을 가정하여 탄성거동 시의 지진력에 비해 적은 값으로 탄성해석을 수행하고 부재를 설계한다.

따라서 내진설계와 제진구조물 설계는 중력하중이나 바람하중에 대한 설계와 달리 설계지진 발생 시 소성변형을 허락하는 실제 구조물의 거동과 탄성해석을 기반으로 하는 해석모델의 거동이 상이하기 때문에 이를 보정할 수 있는 여러 가지 가정을 해야 한다는 점에서 다양한 해석방법이 가능하다. 현재 각국의 내진설계 기준에서 허용하는 해석방법은 크게 다음과 같이 분류할 수 있다.

① 등가정적법(Equivalent Lateral Force method, ELF)
② 반응 스펙트럼해석법(Response Spectrum Analysis, RSA)
③ 선형 시간이력해석법(Linear Time-History Analysis, ETH)
④ 비선형 정적해석법(Nonlinear Static Analysis, NSA)
⑤ 비선형 시간이력해석법(Nonlinear Time-History Analysis, NTH)

표 0203.1은 각 해석방법을 구조부재의 거동에 대해 선형 · 비선형으로, 지진력의 특성에 따라 정적 · 동적 해석으로 분류하여 정리한 것이다.

표 0203.1 지진력저항시스템의 해석방법 분류

<table>
<tr><th colspan="2" rowspan="2">구 분</th><th colspan="3">지진력의 특성</th></tr>
<tr><th>정적</th><th>응답모드</th><th>시간이력</th></tr>
<tr><td rowspan="2">구조
부재의
거동</td><td>선형 (탄성) 거동</td><td>등가정적법</td><td>응답
스펙트럼해석법</td><td>선형
시간이력해석법</td></tr>
<tr><td>비선형 거동</td><td colspan="2">비탄성 정적해석법</td><td>비선형
시간이력해석법</td></tr>
</table>

등가정적법은 주로 정형의 저층 구조물에 적용하는데, 우선 구조물의 에너지 소산능력 등을 고려한 반응수정계수(Response Modification Factor)를 지진력 저항시스템의 종류에 따라 결정한다. 탄성구조물에 해당하는 설계 지진력을 반응수정계수로 나누어 밑면전단력을 구하고, 고차모드의 영향을 고려한 수직분배 법칙에 따라 밑면전단력을 구조물의 수직방향으로 분배한다. 이후 탄성해석을 수행하여 얻은 부재력에 따라 구조부재를 설계하는 방식이다.

사용성 평가는 설계지진 시 실제 구조물의 변위를 고려하기 위하여 각 구조시스템별로 주어진 변위 증폭계수(Deflection Modification Factor)를 탄성해석 결과를 통해 얻은 변위에 곱하여 허용 범위 내에 있는지를 검토하게 된다. 이 방식은 지진력에 의해 비선형 동적 거동을 하는 구조물을 마치 정적 횡하중을 받는 선형 구조물로 취급하여 구조물을 설계하는 방법으로, 기존의 설계방식과 매우 유사하기 때문에 실무에서 뿐만 아니라 많은 구조공학 전공자들이 예비응답해석 또는 예비내진설계 차원에서 사용하고 있다. 하지만 구조부재의 비선형성과 지진력에 의한 동적 특성을 직접적으로 고려할 수 없다는 점에서 실제 설계지진 발생 시 구조물의 내진성능을 정확히 평가하기 어려우며, 제진구조물에 사용되는 제진장치의 에너지 소산능력을 평가하기도 어렵다.

응답 스펙트럼해석법과 선형 시간이력해석법은 등가정적법과 같은 탄성해석을 기반으로 하지만 지진력을 고려함에 있어 구조물의 동적 거동을 고려했다는 점에 차이가 있다. 응답 스펙트럼해석법은 구조물의 동적 특성을 고려하기 위하여 고유치 해석으로 구한 모드별 주기와 모드형상을 설계 지진력을 구하는 데 사용하고, 선형 시간이력해석법에서는 해당 지역을 대표하는 지반가속도를 사용하여 해석모델을 진동시켜 설계자가 정한 해석간격마다 구조해석을 실시한다.

구조물의 동적 특성을 고려했다는 점에서 등가정적법에 비하여 정밀한 해석결과를 얻을 수 있고, 구조실무자들이 익숙한 탄성해석을 사용한다는 점에서 실제 구조물 내진설계에 적용하는 데 큰 무리가 없는 장점이 있다. 하지만 설계지진 발생 시 예상되는 구조물의 비선형 거동을 해석에 반영하지 않아 등가정적법과 같이 지진력저항시스템의 종류에 의해서 결정되는 반응수정계수와 변위증폭계수를 사용해야 하므로 구조물의 실제 거동을 예측하기 힘들다. 그리고 비선형 거동을 통해 지진에너지를 소산할 수 있도록 고안된 제진장치의 역할을 해석적으로 명확하게 규명할 수 없는 약점이 있다.

반면에 그림 0203.1에서 도시한 비선형 정적해석법은 지진력저항시스템과 제진장치의 비선형성을 고려한 해석모델을 수립하여 주어진 하중패턴에 따라 가력하중을 점진적으로 증가시키면서 구조물의 거동을 파악하는 해석방법이다. 따라서 탄성에서부터 소성 그리고 붕괴에 이르기까지 내진설계에서 있어서 중요한 구조물의 내력 및 연성도를 평가할 수 있다. 비선형 정적해석법은 설계 지진 발생시 구조물의 동적 거동을 고려하기 위하여 다양한 하중패턴을 사용할 수 있다.

가장 널리 사용되는 하중패턴으로는 구조물의 1차 모드의 모드형상을 고려한 하중패턴과 내진설계 기준에서 제시하고 있는 밑면전단력의 수직분배법칙에 따른 하중패턴 그리고 항복 후 구조물의 강성변화에 따라 하중패턴을 변화시키는 방법 등이 있다. 비선형 정적해석을 이용한 내진설계는 이와 같이 구조물의 비선형성과 동적 거동을 적절히 고려했다는 점에서 최근 들어 각광받고 있는 해석방법이다. 하지만 구조실무자들에게는 아직 생소한 구조부재의 비선형성을 고려하여 해석모델을 수립해야 하는 단점이 있으며, 앞서 설명한 해석기법과 같이 반복하중에 의한 지진력저항시스템과 제진장치의 이력거동을 정확히 모사하지 않기 때문에 에너지 소산능력이 구조물의 응답에 미치는 영향을 파악하기 힘들다는 단점이 있다.

비선형 시간이력해석은 구조부재의 비선형성을 해석모델에 직접 구현하고, 실제 지진파를 사용하는 해석방법이다. 앞서 설명한 해석방법에 비하여 지진에 의해 진동하는 구조물의 변위, 속도, 가속도와 구조부재의 이력거동을 파악함에 있어 가장 정확하고 신뢰도가 높은 해석방법이라 할 수 있다. 구조물과 구조부재의 해석모델은 탄성영역에서 비탄성영역까지 모든 중요한 응답을 표현할 수 있어야 하므로 탄성강성, 항복내력, 최대내력, 항복 후 강성비, 최대내력 후 강성 및 강도 저감, 이력형상 등이 구조부재의 해석모델에 반드시 포함되어야 하며, P-Δ효과가 큰 구조물에 대해서는 중력방향 하중에 의한 2차 모멘트(Secondary moment)의 영향을 고려할 수 있는 기댄 기둥(Leaning column)과 같은 해석용 부재를 포함시켜야 한다. 해석에 사용하는 지진파는 구조물을 건설하는 지역에서 발생할 수 있는 지진을 대표할 수 있는 지진파를 사용해야 한다.

일반적인 내진기준에서는 지진의 변동성을 고려하여 해당 지역의 탄성응답 스펙트럼에 잘 어울리는 최소 3개 이상의 지진파를 사용하여 부재력을 구할 것을 권장한다. 일반적으로 3개 이상, 7개 미만의 지진파를 해석에 사용할 경우 각 지진파를 통해 구한 부재력 중 최대값에 대하여 부재가 충분한 내력을 가짐을 보여야 하며, 7개 이상의 지진파를 사용할 경우에는 평균부재력을 설계에 사용할 것을 권장하고 있다. 비선형 시간이력해석은 해석모델의 정확도와 선택한 지진파의 신뢰도에 의해서 해석결과가 좌우되기 때문에 이에 대한 세심한 주의가 필요하다.

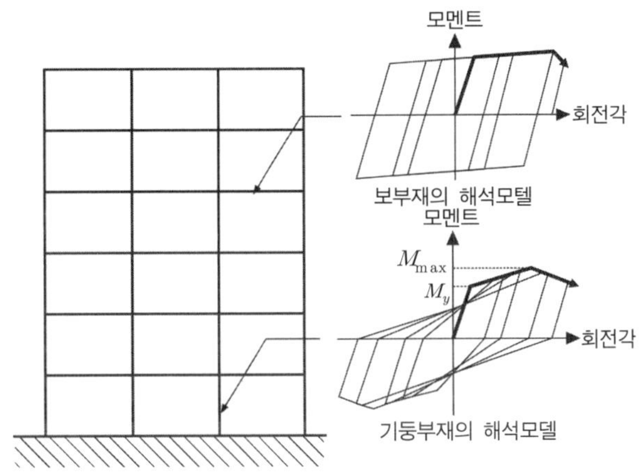

(a) 지진력저항시스템의 해석모델

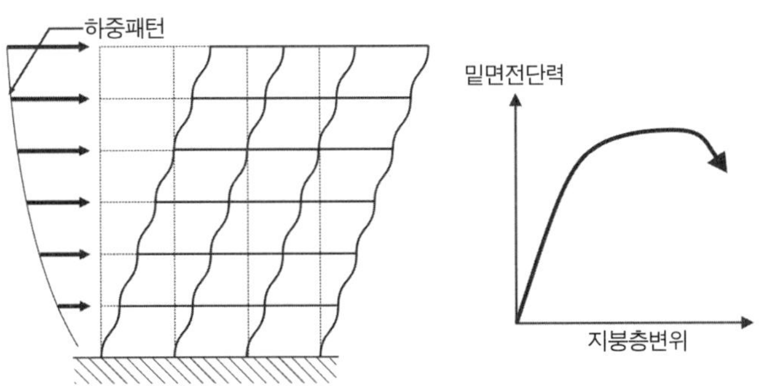

(b) 가력하중패턴과 비선형 정적해석 결과

그림 0203.1 비선형 정적해석법

지진에너지를 다양한 이력거동을 통하여 소산할 수 있는 제진장치를 가진 제진구조물의 특성을 고려할 때 비선형 시간이력해석을 통하여 제진구조물의 내진성능을 평가하는 것이 타당하다. 하지만 사용하는 지진파에 따라 해석결과 값의 변동 폭이 크고, 일정한 경향성을 직접적으로 파악하기 힘든 비선형 시간이력해석을 이용하여 제진구조물을 설계하기에는 현실적인 어려움이 존재한다. 그리고 탄성해석에 익숙한 구조실무자가 비선형 거동을 고려한 구조부재와 제진장치의 해석모델을 수립하고 해석결과를 도출하기 위해서는 막대한 시간이 요구된다.

이러한 현실적인 문제점으로 인하여 부재를 가정하고 여러 번의 재해석을 통하여 최종 부재의 크기를 결정하는 기존의 탄성해석과 설계절차를 제진구조물에 적용하기에도 무리가 따르기 때문에, 구조부재와 제진장치의 비선형성과 에너지 소산능력 그리고 지진에 대한 변동성을 적절히 구현하면서 구조실무자가 보다 쉽게 제진구조물을 설계할 수 있는 설계법이 필요하다.

이와 같은 요구조건을 만족하기 위해서는 실무에 적용할 수 있는 제진구조물의 설계법은 구조부재 및 제진장치의 에너지 소산능력을 적절히 평가할 수 있어야만 하며, 구조실무자가 익숙한 선형 해석으로도 제진구조물의 내진성능 예측이 가능해야 한다. 이와 같은 요구조건을 만족하는 대표적인 제진구조물 설계법은 크게 강도기반 설계법, 변위기반 설계법, 그리고 에너지 기반 설계법으로 구분할 수 있다. 하지만 변위기반 설계법의 많은 부분이 이미 대표적인 강도기반 설계법 중 하나인 ASCE 7-05(혹은 ASCE 7-10)의 제진구조 설계법에서 포함되어 있고, 대부분의 구조 실무 엔지니어가 강도기반 설계법에 익숙하기 때문에 이 절에서는 강도기반 설계법과 에너지 기반 설계법에 대한 설계절차만 기술하고자 한다.

몇몇 제진구조물의 경우 다음에 나열할 비교적 간단한 설계법을 통하여 설계를 마무리할 수 있지만, 내진성능 확보 여부를 명확하게 판단해야 하는 구조물에 대해서는 이 장에서 설명하고 있는 설계법과 구조물의 동적 특성에 대한 공학적 판단을 바탕으로 구조부재 및 제진장치를 설계한 후 비선형 시간이력해석을 수행하는 것이 바람직하다. 또한 구조부재 및 제진장치의 해석모델과 지진파 선택에 대해서는 관련 분야의 전문가 검토를 추천한다.

0203.1 강도기반 설계법

〈부록 2〉에 소개되어 있는 ASCE 7-05(이하 ASCE 7) 혹은 ASCE 7-10의 18장에서는 제진구조물 설계를 위해 제진구조물의 강도를 기반으로 한 지진력 결정방법과 제진구조물에 대한 설계 요구조건을 제시하고 있다. ASCE 7에서 제시하고 있는 강도기반 제진구조물 설계법은 일반 내진구조물 설계법과 유사한 절차를 수행하도록 함으로써 실무 적용성을 극대화한 설계절차이다. 제진구조물의 지진력저항시스템을 반응수정계수와 같은 내진설계변수를 이용하여 이선형 거동으로 가정하고, 제진장치에 의한 에너지 소산량을 이용하여 구한 등가점성감쇠비(Equivalent viscous damping ratio)와 지진력저항시스템의 비선형 이력거동에 의한 감쇠비의 합으로 구한 유효점성감쇠비(Effective viscous damping ratio)로 설계지진 응답가속도를 감소시켜 밑면전단력을 구한 후 지진력저항시스템을 설계하는 절차를 제시하고 있다. 제진장치 설계는 설계지진뿐만 아니라 최대지진에 대한 요구성능을 계산하여 이를 만족하도록 명시하고 있다.

0203.1.1 이론적 배경

그림 0203.2는 단조가력 시 지진력저항시스템의 밑면전단력-지붕층 변위 관계곡선이다. 그림에서 점선은 지진력저항시스템이 탄성 거동할 경우이며, 굵은 실선은 지진력저항시스템의 실제 비선형 거동을 나타낸 것으로 내진설계변수-반응수정계수(Response Modification Factor, R), 과잉력계수(Overstrength Factor, Ω_o), 변위증폭계수(Deflection Amplification Factor, C_d)-는 다음의 식으로 정의된다.

$$R = \frac{V_{el}}{V_s} \qquad \Omega_o = \frac{V_{\max}}{V_s} \qquad C_d = \frac{D_{el}}{D_s} \tag{식 2.19}$$

여기서, V_{el}은 탄성거동 시의 밑면전단력, V_s은 설계 밑면전단력, $V_{\max}$은 지진력저항시스템의 최대내력, D_s은 설계 밑면전단력 재하 시의 탄성해석으로 구한 지붕층의 변위, D_{el}은 설계 지진 발생 시 비선형 거동을 하는 지진력저항시스템이 지붕층의 변위이다. (식 2.19)는 주어진 내진설계변수, 관련 설계 요구조건과 제한사항에 따라 내진설계가 이루어진다면 지진력저항시스템의 비선형 거동을 대략적으로 가정할 수 있음을 의미한다. 지진력저항시스템의 비선형성을 보다 쉽게 적용하기 위하여 그림 0203.2에서 보는 바와 같이 지진력저항시스템의 비선형 거동을 이선형 거동(Bi-linear behavior)으로 단순화할 수 있으며, 항복내력은 보수적으로 판단하여 다음 식으로 구할 수 있다.

$$V_y = \frac{\Omega_o C_d}{R} V_s \qquad \text{(식 2.20)}$$

지진력저항시스템의 이선형 거동을 명확하게 규명하기 위해서는 초기강성 또는 지붕층 항복변위를 탄성해석을 기반으로 구할 수 있어야 한다. 비선형 정적해석을 통하여 그림과 같은 밑면전단력-지붕층 변위관계 곡선을 구할 수 있을 경우, (식 2.20)에서 구한 항복내력의 60%에 해당하는 밑면전단력과 곡선이 만나는 점과 원점을 이은 직선으로부터 지붕층의 항복변위를 유도할 수도 있다.

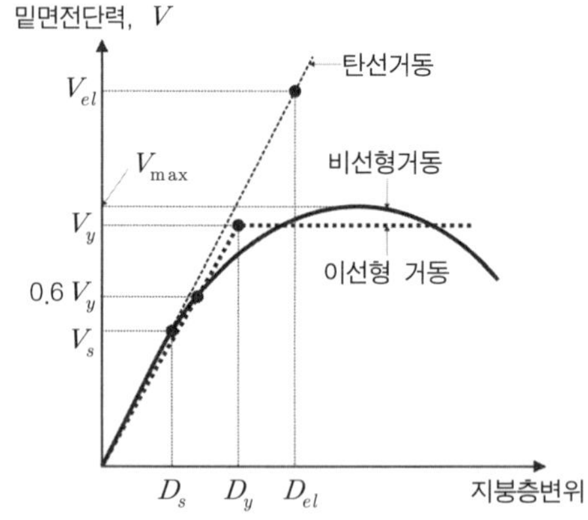

그림 0203.2 지진력저항시스템의 탄성거동과 비선형거동

ASCE 7에서는 그림 0203.2의 지진력저항시스템의 밑면전단력-지붕층 변위관계 곡선을 설계에 직접적으로 사용하는 것 대신에 다음 (식 2.21)과 (식 2.22)를 사용하여 스펙트럼 기반으로 변환하여 스펙트럼 포맷 상에서 요구성능과 보유성능을 함께 표현하여 예상 성능점을 구한 방식을 사용하고 있다.

$$S_{D,m} = \frac{D_m}{\Gamma_m} \qquad S_{A,m} = \frac{V_m}{W_m} \qquad \text{(식 2.21)}$$

여기서, $S_{D,m}$과 $S_{A,m}$은 m차 모드의 변위 및 가속도응답 스펙트럼계수(Displacement and acceleration spectral coefficients)이고, Γ_m과 W_m은 m차 모드의 모드참여계수(Modal participation factor)와 모드중량(Modal weight)이며, D_m과 V_m은 지진력저항시스템을 m차 모드 형상에 따라 강제변위를 했을 때의 지붕층 변위와 밑면전단력이며, g는 중력가속도이다. 그리고 $S_{D,m}$과 $S_{A,m}$은 다음과 같은 관계식을 가진다.

$$S_{A,m} = \frac{4\pi^2}{T_m^2}\frac{g}{W_m}S_{D,m} \qquad \text{(식 2.22)}$$

T_m는 m차 모드의 주기이다. ASCE 7에서는 1차 모드에 대해서만 지진력저항시스템이 비선형 거동을 하는 것으로 가정하므로, (식 2.20) ~(식 2.22)로부터 1차 모드에 대한 지붕층 항복변위를 다음과 같이 구할 수 있다.

$$D_{y,1} = \Gamma_1 \frac{g\,T_1^2}{4\pi^2}\frac{\Omega_o C_d}{R}S_{a,1} \qquad \text{(식 2.23)}$$

여기서, $S_{a,1}$는 지진력저항시스템의 기본 고유주기 T_1에 해당하는 가속도 스펙트럼계수이다. (식 2.20)과 (식 2.23)은 설계가속도 스펙트럼, 내진설계변수, 고유치 해석으로만 지진력저항시스템의 이선형 거동을 정의할 수 있음을 보여준다.

제진구조물에서 에너지 소산요소는 크게 세 가지로 1) 내진설계에는 모드에 상관없이 일반적으로 0.05를 사용하는 고유감쇠비 ξ_I, 2) m차 동적 모드에서 속도의존형 제진장치에 의해서 소산된 에너지에 의한 등가점성감쇠비 ξ_{Vm}, 3) 지진력저항시스템과 변위의존형 제진장치의 소성거동에 의해 소산된 지진에너지양에 대한 감쇠비 ξ_{Hm}로 구성된다. 따라서 제진구조물의 감쇠비는 이상 세 가지의 감쇠비를 합한 값으로 계산하나, ξ_{Vm}와 ξ_{Hm}는 지진력저항시스템의 항복변위에 대한 설계지진 시의 변위의 비로 계산되는 연성도 μ에 따라 다르게 된다. 이를 고려한 제진구조물의 감쇠비는

$$\xi_m = \xi_I + \xi_{Vm}\sqrt{\mu} + \xi_{Hm} \leftarrow \xi_{Hm} = q_H(0.64 - \xi_I)\left(1 - \frac{1}{\mu}\right) \qquad \text{(식 2.24)}$$

$$0.5 \le q_H = 0.67\frac{T_S}{T_1} \le 1.0 \qquad \text{(식 2.25)}$$

으로 구하며, q_H는 지진력저항시스템의 이력곡선에 의해서 결정되는 값이다. T_S는 설계 가속도 스펙트럼에서 가속도 일정구간에서 속도 일정구간으로 전이하는 주기이다. ASCE 7에서는 설계지진 시 지진력저항시스템의 과도한 변형을 방지하기 위하여 지진력저항시스템의 최대연성비를 다음 식으로 제한하고 있다.

$$\mu_{\max} = \frac{1}{2}\left(\left(\frac{R}{\Omega_o I}\right)^2 + 1\right) \quad \text{for } T_m \le T_S$$

$$\mu_{\max} = \frac{R}{\Omega_o I} \quad \text{for } T_m > T_S \qquad \text{(식 2.26)}$$

속도의존형 제진장치에 의해 추가되는 감쇠비 ξ_{Vm}는 다음 두 가지 가정을 이용하여 구한다.

1. 지진저항시스템은 각 모드에 대해 다음 식과 같은 조화진동을 한다.

$$\{u\}_m = D_{Roof}\{\phi\}_m \sin\left(\frac{2\pi t}{T_m}\right) \qquad \text{(식 2.27)}$$

$\{u_m\}$는 m차 모드에서의 각 층의 변위를 나타내는 벡터, D_{Roof}는 지붕층 변위, $\{\phi\}_m$는 해당 모드에서의 모드형상 벡터이다.

2. 제진장치로 인한 추가 감쇠비는 다음 식을 이용하여 등가점성감쇠비 ξ_{Vm}로 구한다.

$$\xi_{Vm} = \frac{W_{Dm}}{4\pi W_{Sm}} \qquad \text{(식 2.28)}$$

W_{Dm}는 m차 모드에서의 모든 제진장치의 에너지 소산량이며, W_{Sm}는 m차 모드에서 지진력저항시스템의 최대변형에너지로 제진구조물이 (식 2.27)과 같이 거동할 때 최대변위에서 측정된 값이다. (식 2.28)은 변위의존형 제진장치에 의한 등가점성감쇠비를 구할 때에 적용할 수 있다.

강도기반 설계법에서는 지진력저항시스템과 제진장치의 지진에너지 소산능력을 고려하여 가속도응답 스펙트럼과 이에 따른 설계 밑면전단력을 저감시키게 된다. 단자유도 구조물에서 감쇠비가 증가함에 따라 가속도응답 스펙트럼이 감소된다는 기존 연구결과를 바탕으로 각 모드별 가속도 응답감소계수 B_m를 다음과 같이 제안하고 있다.

$$B_m = \frac{S_a(T_m,\ \xi_m = 0.05)}{S_a(T_m,\ \xi_m)} \qquad \text{(식 2.29)}$$

여기서, $S_a(T_m, \xi_m)$는 주기가 T_m이고, (식 2.24)로부터 구한 등가점성감쇠비가 ξ_m일 때 가속도응답 스펙트럼으로 ASCE 7에서는 가속도 응답감소계수 B_m를 그림 0203.3과 같이 제시하고 있다.

제진구조물의 성능점은 설계가속도 스펙트럼에 의해서 결정되는 요구성능과 제진구조물이 보유하고 있는 보유내력이 만나는 점으로, 설계지진 또는 최대지진 시 제진구조물의 최대변위응답과 최대가속도 응답으로 정의할 수 있다. 그림 0203.3은 제진구조물의 성능점을 결정하는 일련의 과정을 도시한 것이다. 제진장치가 없는 지진력저항시스템이 탄성거동을 할 경우의 성능점은 A로 나타낼 수 있다. 제진장치와 지진력저항시스템의 소성변형으로 인한 추가 감쇠비는 그림에서 보는 바와 같이 가속도응답 스펙트럼을 감소시켜 성능점을 B로 이동시킨다. 뿐만 아니라 지진력저항시스템의 항복은 유효주기를 증가시켜 제진구조물의 최종 성능점은 C가 된다. 이때-성능점에서의-가속도응답 스펙트럼계수는 다음 식으로 구할 수 있다.

$$S_a(T_{eff}, \xi_m) = \frac{S_a(T_m, 0.05)}{B_m} \qquad \text{(식 2.30)}$$

그리고 m차 모드의 제진구조물의 설계 밑면전단력은

$$V_{sm} = \frac{R}{C_d \Omega_o} \frac{S_a(T_m, 0.05)}{B_m} W_m \qquad \text{(식 2.31)}$$

으로 구하며, 가속도응답 스펙트럼계수 $S_a(T_{eff}, \xi_m)$에 해당하는 변위응답은 다음 식으로 구할 수 있다.

$$S_D(T_{eff}, \xi_m) = \frac{T_{eff}^2}{4\pi^2} S_a(T_{eff}, \xi_m) \qquad \text{(식 2.32)}$$

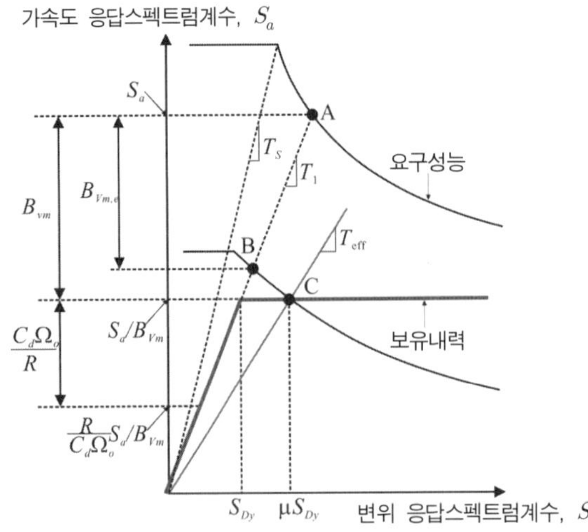

등가점성 감쇠비, %	가속도 응답 감소계수
2 미만	0.8
5	1.0
10	1.2
20	1.5
30	1.8
40	2.1
50	2.4
60	2.7
70	3.0
80	3.3
90	3.6
100 이상	4.0

그림 0203.3 제진구조물의 성능점과 가속도 응답감소계수

0203.1.2 설계절차

앞 절에서 설명한 이론적 배경을 바탕으로 다음의 순서에 따라 제진구조물 설계가 진행된다.

단계 1 : 지진력저항시스템의 예상 설계 밑면전단력 $V_{s,\text{Exp}}$을 산정한다.

예상 설계 밑면전단력은 제진장치의 에너지 소산능력을 고려하여 제진장치가 없는 구조물의 설계 밑면전단력보다 작은 값으로 하며, 바람으로 인한 밑면전단력보다 커야 한다.

단계 2 : 예상 설계 밑면전단력을 이용하여 제진장치를 제외한 지진력저항시스템의 구조부재를 설계하고 고유치 해석을 통하여 각 모드의 주기 T_m, 모드참여계수 Γ_m, 모드참여중량 W_m 및 모드형상 ϕ_m을 구한다.

단계 3 : 제진장치의 종류와 특성치를 선택하여 배치하고 각 모드별 탄성거동 시 제진장치로 인한 감쇠비 $\xi_{m\,V,D}$를 (식 2.28)을 이용하여 구한다.

단계 4 : 설계지진에 대한 1차 모드 응답을 계산한다.

단계 4-1 : 지진력저항시스템의 연성도 $\mu_{1,D}$를 가정한다.

단계 4-2 : $T_{1D,D} = T_1\sqrt{\mu_{1,D}}$을 이용하여 유효 1차주기 $T_{1D,D}$를 계산한다.

단계 4-3 : (식 2.24)를 이용하여 제진구조물의 유효 감쇠비 $\xi_{1,D}$를 계산하고 가속도 응답감소계수 $B_{1,D}$를 그림 0203.3으로부터 구한다.

단계 4-4 : 제진구조물의 지붕층 변위 $D_{1,D}$를 다음 식으로 계산한다.

$$D_{1D} = \Gamma_1 \frac{g T_{1D,D}}{4\pi^2} \frac{S_{D1}}{B_{1,D}}$$

단계 4-5 : 제진구조물의 지붕층 항복변위 $D_{1Y,D}$를 (식 2.23)으로 계산한다.

단계 4-6 : 지진력저항시스템의 밑면전단내력 $V_{1Y,D}$과 설계 밑면전단력 $V_{1,D}$을 다음 식으로 계산한다.

$$V_{1,D} = \frac{R}{C_d \Omega_o} V_{1,YD} \leftarrow V_{1,YD} = \frac{S_{D1}}{T_{1D,D} B_{1,D}} W_1$$

단계 4-7 : 설계 밑면전단력 $V_{1,D}$과 예상 설계 밑면전단력 $V_{s,\mathrm{Exp}}$을 비교하여 허용오차보다 적으면 단계 4-8로 진행하고, 아니면 단계 4-1의 연성도를 수정하거나 단계 1~3에서부터 다시 시작한다.

단계 4-8 : 탄성거동 시 지붕층 변위 $D_{1e,D}$를 다음 식으로부터 계산하고 $D_{1,D}$와 비교하여 큰 값을 지붕층 변위로 한다.

$$D_{1e,D} = \Gamma_1 \frac{g T_1}{4\pi^2} \frac{S_{D1}}{B_{1e,D}}$$

단계 4-9 : 제진구조물의 연성도 $\mu_{1,D}$를 계산하고 (식 2.26)의 허용 최대연성도와 비교하여, 이를 만족할 경우 다음 단계로 진행하거나 단계 1~3부터 다시 시작한다.

단계 4-10 : 최대변위, 최대속도, 최대가속도 시 제진장치의 요구내력 및 응답을 계산한다. 단, 변위의존형 제진장치를 사용할 경우, 지진력저항시스템이 최대변위에 도달했을 때 내력과 응답만 구하면 된다.

단계 5 : 설계지진 시 고차모드에 대한 응답을 계산한다.

단계 5-1 : 해당 모드에 대한 제진구조물의 감쇠비 $\xi_{m,D}$를 (식 2.24)를 이용하여계산하고 가속도 응답감소계수 $B_{1,D}$를 그림 0203.3로부터 구한다.

단계 5-2 : 해당 모드의 지붕층 변위 $D_{m,D}$와 밑면전단력 $V_{m,D}$를 계산한다.

단계 5-3 : 해당 모드의 최대변위, 최대속도, 최대가속도 시 제진장치의 요구내력 및 응답을 계산한다.

단계 6 : 단계 4-10과 단계 5-3에서 구한 최대변위, 최대속도, 최대가속도 시 제진장치의 요구내력 및 응답을 SRSS법으로 조합하여 최종응답을 구한다.

단계 7 : 지진력저항시스템과의 연결부를 포함한 제진장치의 설계를 위하여 최대급 지진을 대상으로 단계 4 ~ 6까지를 재수행한다.

0203.2 에너지 기반 설계법

현재 전 세계에서 주로 쓰이는 내진설계기법은 표 0203.1과 같이 크게 등가정적해석법, 응답 스펙트럼해석법, 선형 시간이력해석법 및 비선형 정적·동적해석법으로 나눌 수 있다. 이들 내진설계법에서는 내력과 변형이라고 하는, 직감적으로 이해하기 쉬운 물리량을 안전성 검증의 척도로 하여 가속도를 하중효과로 평가하고 있으며, 이를 바탕으로 계산한 탄성 설계응답을 반응수정계수로 나누어서 골조의 소성변형능력에 따라 설계 지진하중을 낮출 수 있게 설정되어 있다. 그러나 지진을 가속도에 의한 하중효과만으로 평가한 경우 지진가속도의 불확정성이 매우 크며, 구조부재 또는 구조체의 소성변형능력의 차이에 의한 영향을 직접적으로 비교하기에는 어려운 점이 있다. 뿐만 아니라 지반가속도를 하중효과로 취급하는 현행 내진설계법에서는 구조물 손상을 최소화하기 위하여 지반가속도가 클수록 구조물에 작용하는 지진력을 크게 한다. 그러나 지진으로 인한 구조물 피해에 직접적인 원인이 되는 지진입력 에너지양은 지반가속도에 의존하는 물리량이 아니다. 이에 대한 예로, 일본 고베지진과 대만의 치치(Chi-chi)지진을 비교해 보면 그림 0203.4에서 알 수 있듯이, 대만 치치지진에 의한 지반가속도가 고베지진의 지반가속도보다 컸지만, 거의 모든 건축과 토목구조물을 포함하는 주기구간에서 고베지진의 입력 에너지가 대만 치치지진보다 커 지반가속도가 작은 고베지진에서보다 심각한 구조물 손상(피해)이 발생하였다. 이 예로부터 지반가속도라는 지표를 사용하여 현행 내진설계에서 추구하는 구조물의 손상 최소화라는 목표를 직접적으로 달성하기 힘들다는 것을 알 수 있다.

더욱이 현행 내진설계에서 사용하고 있는 반응수정계수는 주어진 골조시스템에 획일화된 하나의 값을 적용시키는 등 타당성이 결여되고 명확하지 않은 부분이 많다. 특히 제진구조에서는 제진장치의 성능이 아무리 우수해도 제진장치의 배치형식에 따라 성능을 발휘하기 위한 효율성이 달라지고, 그 결정방법은 구조물의 형태 및 규모, 제진장치의 종류에 따라 다른 방식을 취해야 한다. 따라서 제진구조의 성능을 극대화하기 위해 제진장치의 성능을 충분히 활용할 수 있도록 그 효율성을 예측할 수 있어야 한다. 그러나 기존의 내진설계법을 이용하면 각 층별, 부재별 손상 정도를 직접적으로 예측하기 어렵다는 한계가 존재한다.

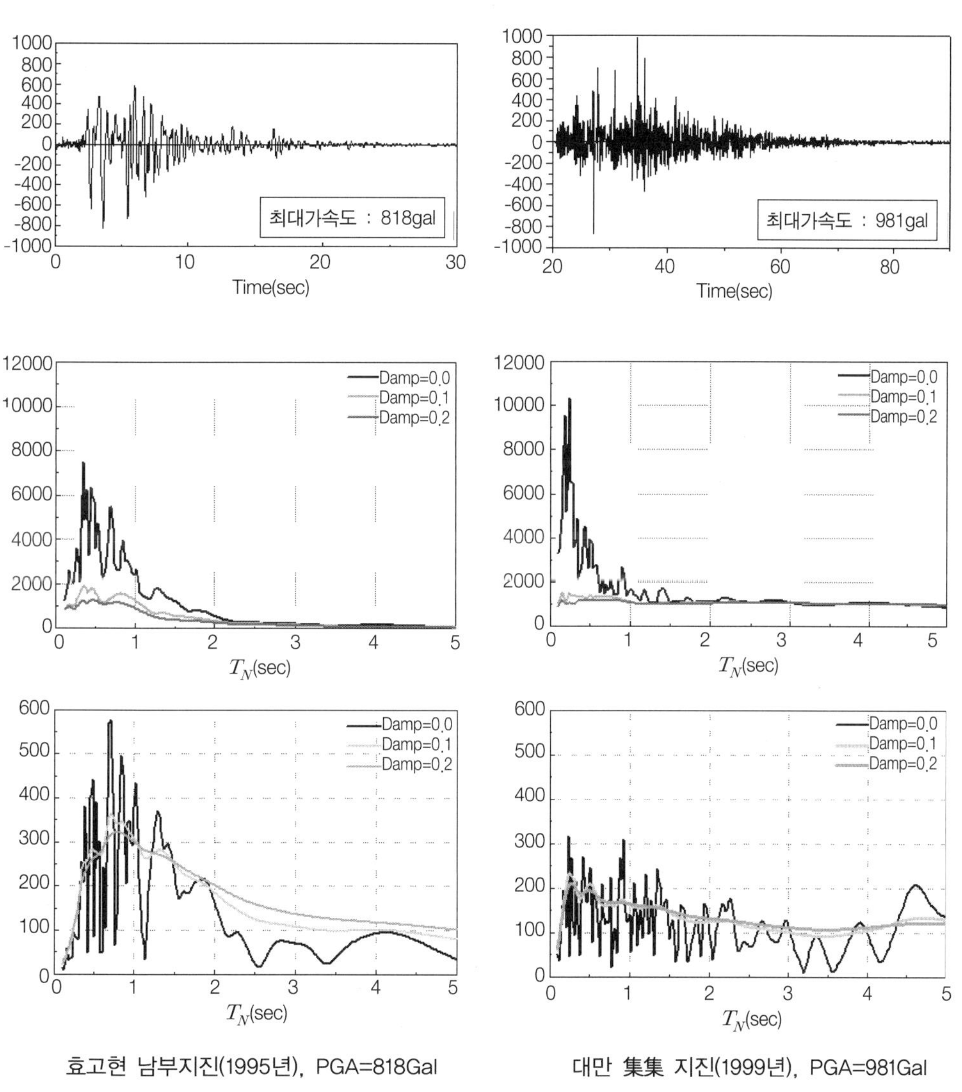

그림 0203.4 지진가속도, 가속도 스펙트럼과 속도 스펙트럼

구조물의 손상을 보다 합리적으로 예측하기 위해서는 각 층, 혹은 각 부재가 흡수한 에너지양을 평가할 수 있어야 한다. 이상에서 나열한 현행 내진설계방법의 문제점을 해결할 수 있다는 점에서 에너지법을 이용한 구조물, 특히 제진구조물의 내진설계법은 논리적 당위성을 얻고 있다.

에너지법을 기반으로 한 구조물 내진설계는 제1회 세계지진공학회의(1956년, 미국 버클리)에서 타나바시(Tanabashi)와 하우스너(Housner)가 지반운동의 파괴력을 지반운동속도를 지표로 하는 지진입력 에너지로 생각할 수 있다는 이론을 제시한 이래 꾸준한 발전을 거듭해 오고 있다. 특히 컴퓨터의 진보 등에 의해 수치해석에 의한 검증 데이터를 근거로 아키야마(Akiyama)가 하우스너의 가설을 검증하였으며, 입력에너지의 정량화와 다층 건축물에서 각 층의 에너지 배분(손상분포)을 제안하면서 지진에 의한 에너지 입력과 건축물이 가지는 에너지 소산능력을 대비하는 방식을 통해 에너지를 기반으로 한 구조물의 내진설계를 실현할 수 있는 길을 열었다.

0203.2.1 이론적 배경

에너지 평형에 근거한 제진구조 설계법(이하 에너지법)은 지진에 의해서 건축물에 입력되는 에너지의 크기를 산정하고, 건축물이 흡수할 수 있는 에너지의 크기를 지진입력 에너지보다 크게 하여 건축물의 안전성을 확보하고자 하는 설계법을 말하며, 다음의 식을 만족해야 한다.

$$E_P > E_{IN} \qquad \text{(식 2.33)}$$

여기서, E_P는 구조물 전체가 소산(또는 흡수)할 수 있는 에너지이며, E_{IN}는 총 지진 입력 에너지이다. 따라서 건축물의 내진안전성 검증은 지진에 의한 입력에너지를 건축물이 소산할 수 있는가에 의해 판단할 수 있다.

에너지 평형에 기초를 둔 내진설계는 (식 2.34)와 같이 지진에 의한 입력에너지보다 골조의 에너지 소산능력이 더 크게 설계해야 한다는 점에서, 지진에 의한 입력에너지의 특성과 구조물의 에너지 소산능력을 정량적으로 평가할 필요가 있다. 이 중 입력에너지에 대해서는 지진을 하중과 변형의 곱이라 할 수 있는 에너지로 평가한 경우, 그 입력에너지는 구조물의 총질량과 1차 고유주기에 지배되며, 구조물의 강도 및 강성분포에는 거의 영향을 받지 않는 매우 안정된 양이 된다. 이는 구조물의 강성과 질량의 배치에 따라 변동성이 심한 지반가속도를 하중효과로 취급하는 현행 구조물 내진설계법에 비해 에너지 기반 내진설계법이 지진으로 인한 구조물의 거동에 대한 불확실성을 줄일 수 있음을 의미한다. 지진에 의해 건축물에 작용하는 에너지양을 다음 식에 따라서 계산한다.

$$E_{IN} = \frac{1}{2} M \cdot V_E^2 \qquad \text{(식 2.34)}$$

여기서, E_{IN}은 지진에 의한 건축물에 작용하는 에너지양이며, M은 건축물 지상부분의 전 질량(고정하중 및 적재하중과의 합을 중력가속도로 나눈 것), V_E는 에너지의 속도치환치로 건축물의 감쇠 등을 고려하여 건축물에 작용하는 지진 에너지양의 속도치환치를 별도로 계산하는 것이 가능할 경우에는 당해 속도치환치로 사용 가능하다.

에너지법에 의해 건물의 내진성능을 평가하기 위해서는 건축물이 소산하는 에너지양을 평가해야 한다. 건축물이 손상한계에 도달할 때까지 소산할 수 있는 에너지양은 다음 식으로 계산한다.

$$W_e = \{ W_{fi} + (W_{dei} + W_{dpi}) \} \qquad \text{(식 2.35)}$$

여기서, W_e는 건축물이 손상한계에 도달할 때까지 소산할 수 있는 에너지양이며, W_{fi}는 각 층의 주골조(Main frame)의 변형으로 흡수되는 에너지양, W_{dei}는 제진장치의 탄성변형에 의해 흡수되는 에너지양, W_{dpi}는 제진장치의 소성변형에 의해 소산되는 에너지양이다.

또한 건물에 발생하는 전체 손상에너지 E_{hs}는 전체 손상에너지(누적 소성변형에너지) W_p와 탄성변형에너지 W_e의 합으로 (식 2.37)로 구할 수 있다.

$$E_D = W_p + W_e \qquad \text{(식 2.36)}$$

여기서, E_D는 속도환산치 V_D에 의해 다음과 같이 쓸 수 있다.

$$E_D = \frac{1}{2} M {V_D}^2 \qquad \text{(식 2.37)}$$

건물에 발생하는 손상을 유발하는 에너지의 속도환산치 V_D는 골조 전체의 총에너지 입력의 속도환산치 V_E와 골조의 감소비 ξ로부터 다음 식으로 산정된다.

$$V_D = \frac{1}{1+3\xi+1.2\sqrt{\xi}} V_E \qquad \text{(식 2.38)}$$

0203.2.2 설계절차

이상의 이론적 배경을 바탕으로 에너지 평형에 근거한 제진구조물의 설계순서는 다음과 같다.

단계 1 : 지진력저항시스템의 특성값 결정

단계 1-1 : 층단위 수평강성을 계산한다. 이때 $P-\delta$효과를 고려하여 감소된 수평강성을 구한다.

단계 1-2 : 지진력저항시스템의 등가강성 k_{eq}와 고유주기 T_f를 평가한다. 이때 강성비는 $\chi_i = {}_fk_i/k_{eq}$로 정의한다.

단계 1-3 : 1층에서 흡수하는 소성변형 에너지 γ_1를 계산한다. 건축물 높이에 따른 제진장치의 강도분포는 최적 항복전단력계수 분포 $\overline{\alpha}_i$에 따른다.

단계 1-4 : 지진력저항시스템의 최대층전단력 ${}_fQ_{pi}$을 구한다.

단계 1-5 : 지진력저항시스템의 항복층전단력 ${}_fQ_{yi}$ 및 층 항복변위 ${}_f\delta_{yi}$를 구한다.

단계 2 : K(지진력저항시스템의 수평강성에 대한 제진시스템의 수평강성의 비 $K = {}_sk_i/{}_fk_i$) 값을 결정하며, $K \geq 4$의 범위로 설계할 것을 권장한다.

단계 3 : 최대허용층간변위 $\delta_{\lim,i}$를 결정하고 지진력저항시스템이 탄성상태를 유지할 것인지 소성변형을 허용할 것인지를 결정한다. 지진력저항시스템의 소성변형을 허용하는 경우, $\delta_{\lim,i}$는 지진력저항시스템의 항복변위 ${}_f\delta_{yi}$의 2.0배 이하($\delta_{\lim,i} \leq 2{}_f\delta_{yi}$)로 제한한다. 지진력저항시스템이 탄성에 머무는 경우는 '단계 4'를 생략할 수 있다

단계 4 : 지진력저항시스템의 소성변형을 허용하는 경우 허용손상을 결정한다.

단계 5 : 제진구조 설계에 필요한 설계지진 에너지 입력 레벨을 결정한다.

단계 6 : 제진장치의 종류를 결정하고 요구 항복강도를 계산한다.

단계 7 : 제진장치 설치에 따른 인접 기둥의 부가축력 및 전도모멘트에 의한 기둥의 부가축력을 계산한다.

단계 8 : 부가축력에 대한 기둥 단면을 검토하고, 기둥 단면이 수정된 경우에는

지진력저항시스템의 특성치를 재계산한다.

단계 9 : 기둥의 부가축력을 고려한 지진력저항시스템의 층 항복전단력을 재계산한다.

단계 10 : 지진력저항시스템의 특성치에 대해 이전 계산값과 새로운 계산값을 비교하여 수렴하면 다음 단계로 넘어가고, 수렴하지 않은 경우에는 단계 3으로 되돌아간다.

단계 11 : 요구성능에 따라 제진장치를 설계하고 배치계획을 수립한다.

제 3 장

제진구조설계 기술검토

본 지침에서 언급하는 제진구조물은 제진시스템과 지진력저항시스템으로 구분할 수 있다. 구조물에 인입되는 지진에너지를 소산시키기 위해 특수하게 제작된 제진장치를 포함하는 제진시스템은 〈부록 2〉에서 소개하고 있는 ASCE 7-10에서 명시하고 있는 것과 같이, 구조물에 설치된 모든 제진장치와 제진장치로부터 구조물의 기초에 하중을 전달하기 위하여 요구되는 구조요소 또는 가새, 그리고 제진장치로부터 지진력저항시스템에 하중을 전달하기 위하여 필요한 모든 구조요소를 포함한다.

제진시스템과 더불어 지진력에 저항하는 지진력저항시스템은 일반 내진설계에서 규정하고 있는 횡력저항시스템 중 하나로 정의된다. 이로 인하여 제진장치의 배치에 따라 구조물 내 특정 구조요소는 지진력저항시스템의 구성요소가 됨과 동시에 제진시스템의 구성요소가 될 수도 있다.

제진시스템과 지진력저항시스템으로 이루어진 제진구조물의 설계기술검토(이하 기술검토)를 위해서는 다음 단계별로 면밀한 검토가 이루어져야 한다.

- 하중조건을 포함한 제진구조물의 설계 기본사항
- 실험결과를 포함한 제진장치의 성능
- 부재별 복원력 특성을 포함한 제진구조물의 해석모델
- 구조해석방법 및 해석결과

그러나 구조설계자 뿐만 아니라 기술검토자에 따라 제진구조의 성능을 검토하는 기준이 다를 수 있으며, 필용 검토항목이 누락될 수도 있다. 따라서 이 장에서는 우선 기술검토 각 단계별로 이루어져야 할 검토항목에 대하여 정리하고 상세한 설명을 하였다. 또한 각 단계별 검토항목을 체크리스트(Checklist)의 형태로 제시하여, 구조설계자 및 기술검토자가 편리하게 사용하도록 하였다.

여기에서 제시하고 있는 체크리스트의 각 항목은 다양한 제진구조물을 대상으로 한 기술검토에서 필요한 모든 항목을 기재하고자 하였으나, 제진구조물의 형태, 규모, 검토자의 판단에 따라 항목의 추가 혹은 삭제가 가능하다.

이 지침에서 제시하는 체크리스트를 통한 일련의 기술검토 절차는 어떠한 설계단계에서도 적용이 가능하다. 그러나 구조설계자의 반복적인 설계작업을 피하기 위해서는 예비설계단계에서부터 기술검토가 이루어져 검토자가 구조설계에 대한 전반적인 이력을 충분히 인식하는 것이 바람직하다.

0301 제진구조설계 기술검토를 위한 제출도서

기술검토를 위해 검토자는 제진구조물에 대한 다양한 정보가 필요하며, 구조설계자는 원활한 기술검토를 위하여 이를 제공해야 한다. 여기에서는 구조설계자가 검토자에게 제공해야 하는 항목을 부록의 표 A.1과 같은 체크리스트의 설계자료 란에 기입하도록 하였다. 따라서 구조설계자는 제진구조물을 설계함에 있어 체크리스트에 기입한 설계결과와 함께 이를 입증할 수 있는 설계자료를 검토자에게 제출해야 한다. 검토자는 이를 면밀히 검토하여 체크리스트의 항목별로 AC(Acceptable), MC(Minor comment)와 RR(Revision Required) 중에서 검토결과를 기재하고 권고사항을 기술한다. 특히 검토자가 RR에 체크를 할 경우, 검토자는 반드시 권고사항을 상세하게 기술하여 보다 나은 제진구조설계가 될 수 있도록 유도해야 한다.

이 기술검토 지침의 체크리스트에 포함되어 있는 기본적인 제출 자료는 크게 다음과 같이 나눌 수 있다.

- 제진구조물의 일반사항과 관련 설계도서
- 제진장치의 실험, 실험결과, 성능예측식과 학술적 검증
- 제진장치를 포함한 제진구조물의 해석모델과 해석결과

(1) 제진구조물의 일반사항과 관련 설계도서

제진구조물의 일반사항은 위치, 용도, 규모와 같은 구조물의 전반적인 사항과 지진력저항시스템에 사용할 구조재료 및 제진구조설계 시 참고해야 할 기본적인 도면 등이 포함된다. 제진구조물은 제진장치의 수평·수직적 배치가 중요하므로 이를 명확하게 보일 수 있는 도면과, 지진 발생 시 제진장치의 이력거동에 영향을 줄 수 있는 제진장치와 지진력저항시스템과의 연결부 상세도면을 구조설계자는 검토자에게 제공해야 한다. 뿐만 아니라 검토자가 제진구조물의 지진 발생 시 구조물의 거동에 밀접한 관련이 있을 것으로 판단되는 부분에 대해서는 추가적으로 관련 도면을 요청할 수 있다. 제진구조물의 일반사항에 대한 체크리스트는 부록의 표 A.1과 같다.

중력하중과 풍하중에 대한 설계정보는 제진구조설계에 중요한 입력 자료가 된다. 중력하중은 고정하중과 활하중으로 나누어 층별 하중과 지진해석에서 사용되는 유효건물 중량 계산에 사용되는 고정하중과 활하중의 비를 체크리스트에 기입하도록 하여 검토자가 제진구조물의 질량 배치에 따른 동적 특성을 예측할 수 있도록 해야 한다. 이외에도 제진구조물의 유효건물 중량으로 고려해야 하는 설비하중과 적설하중 등이 있다면 구조설계자는 체크리스트에 추가해야 한다. 풍하중에 의해 발생하는 밑면전단력과 조합하중에 의한 부재력은 강재이력형 제진장치와 같은 변위의존형 제진장치가 풍하중 레벨에서 작용하는지 여부를 판단할 수 있는 중요한 자료이므로 구조설계자는 이를 검토자에게 제출해야 한다.

지진하중에 대하여 구조설계자는 최신 KBC 기준에서 제시하는 내진등급과 구조물의 건설위치에 따라 결정되는 지역계수, 지반종류, 단주기영역과 장주기 영역에서의 지반증폭계수를 체크리스트에 기입해야 하며, 다음과 같은 추가적인 자료를 제공해야 한다.

- 제진구조물의 단주기와 1초주기에 대한 설계 스펙트럼 가속도
- 구조물의 내진등급과 설계 스펙트럼 가속도에 의한 내진설계 범주
- 제진구조물의 용도에 따른 최신 KBC기준에서 정하고 있는 중요도계수
- 제진시스템을 제외한 지진력저항시스템의 반응수정계수, 시스템 초과강도 계수, 변위증폭계수
- 제진시스템을 제외한 지진력저항시스템의 높이제한
- 제진구조물의 수평 및 수직 비정형성

이상의 제진구조물의 중력하중, 풍하중, 지진하중에 대한 체크리스트는 부록의 표 A.2와 같다.

(2) 제진장치의 실험, 실험결과, 성능예측식과 학술적 검증

제진장치의 이력거동은 제진구조물의 지진응답에 미치는 영향이 크므로 실험적 검증이 반드시 필요하다. 제진장치의 성능실험에서는 지진 발생 시 제진구조물의 실제 거동을 최대한 고려하여 수행되어야 한다. 제진구조물 설계를 위해 제진장치 성능 실험결과를 바탕으로 한 신뢰성 높은 예측식이 필요하며, 저명 학술지를 통한 학술적 검증이 요구되기도 한다.

또한 실제 구조물에 사용될 제진장치의 품질 및 성능 확인을 위해 제품실험(Production tests)계획이 필요하다. 제진장치와 관련된 기술검토 체크리스트에 대해 3.2절에서 보다 자세히 설명한다.

(3) 제진장치 및 제진구조물의 해석모델과 해석결과

제진구조물의 해석모델에 대한 기술검토 사항은 3.3절에서, 해석결과에 대한 사항은 3.4절에서 관련된 체크리스트와 함께 자세히 기술한다.

0302 제진장치의 성능

제진구조물에 사용된 제진장치에 대한 체크리스트는 부록 표 A.5에 정리되어 있다.

0302.1 제진장치의 실험

제진장치의 실험은 크게 시제품실험(Prototype tests)과 제품실험으로 구분할 수 있으며, 두 실험에 사용될 제진장치는 제조와 품질이 동일해야 한다. 시제품실험은 설계에 사용된 제진장치의 크기 및 타입별로 각각 2개 이상의 실물실험을 실시해야 한다. 단, 다음의 두 조건을 동시에 만족하면 제진장치의 대표 규격에 대한 시제품실험을 다른 규격의 시제품실험으로 대체할 수 있다.

① 구조물에 사용되는 제진장치의 제조와 품질관리 절차가 동일한 경우

② 설계검토에 책임이 있는 검토자의 승인을 득한 경우

제품실험은 제진장치 시공 전에 실시해야 하며, 제진장치의 힘-속도 또는 변위특성이 정해진 한계범위 내에 있음을 검토자가 검증해야 한다. 또한 일련의 제품실험 범위와 실험 가력속도에 대해서도 검토해야 한다. 실험방법 및 절차에 관한 보다 자세한 사항은 관련자료(부록 2의 ASCE 7-10, 18.9절)를 참조한다.

0302.2 제진장치의 실험결과

제진장치의 성능은 크게 변위의존형과 속도의존형으로 분류하여 결과를 분석할 수 있으며, 3.2.1절에 규정된 실험에 근거하여 다음의 조건을 충족해야 하며, 보다 상세한 제진장치의 실험결과에 대한 제한조건은 부록 2의 ASCE 7-10, 18.9절을 참조할 수 있다.

변위의존형 제진장치 실험의 경우, 임의의 한 사이클에서 변위가 영(0)과 최대지진변위에서 내력 및 에너지 소산면적이 모든 사이클로부터 계산된 영(0)변위에서의 평균내력 및 평균에너지 소산면적과 15% 이상 차이가 나지 않는다.

속도의존형 제진장치 실험의 경우, 임의의 한 사이클에서 변위가 영(0)과 최

대지진변위에서 유효강성, 내력 및 에너지 소산면적이 모든 사이클로부터 계산된 영(0)변위에서의 평균유효강성, 평균내력 및 평균에너지 소산면적과 15% 이상 차이가 나지 않는다.

0302.3 제진장치의 설계식

제진장치의 설계식은 장치의 종류와 형상에 따라 다르게 평가할 수 있으며 초기강성, 유효강성, 항복내력 및 최대내력 등을 예측할 수 있도록 정확하게 제시되어야 한다.

0302.4 제진장치의 학술적 검증

적용 제진장치의 성능에 관해 이전에 발표된 연구논문 또는 신뢰할 만한 실험자료, 해당 프로젝트의 조건과 유사한 타 프로젝트를 위해 수행되어 문서화된 실험결과를 이용하거나, 혹은 프로젝트 자체를 위한 실험을 수행해서 제진장치의 성능을 입증하여 연구논문 등으로 발표한 경우 학술적 검증을 완료한 것으로 평가할 수 있다.

0303 제진구조물의 해석모델

제진구조물의 해석모델과 관련된 체크리스트는 부록 표 A.4에 정리되어 있다.

0303.1 해석모델의 일반사항

0303.1.1 일반 요구사항

구조물은 지진력저항시스템과 이 절에서 정의하는 제진시스템의 기본 요구조건에 따라 설계되어야 한다. 지진력저항시스템은 관련기준에서 정의되거나 실험이나 해석을 통하여 동등 이상의 성능이 검증된 구조시스템이 횡력에 저항하기 위하여 요구되는 강도 및 강성을 가져야 하며, 지진력저항시스템과 제진시스템의 조합을 통해 허용 층간변위값을 만족해야 한다.

아울러 KBC 2009, 0306.4.5. 해석법 또는 ASCE 7-10, 18.2.4절 해석절차 선정에서 제시하는 요구조건에 적합한 해석법과 해석절차에 따라 제진구조물의 해석을 수행해야 하며, 설계자는 이에 대한 근거를 체크리스트에 명확하게 명시하고 검토자는 이에 따라 제진구조물의 해석모델과 해석결과를 검토해야 한다.

0303.1.2 지진력저항시스템

각 방향에 대한 지진력저항시스템은 다음의 설계요구사항을 만족해야 한다. 단 실험이나 해석을 통해 동등이상의 성능이 입증이 되면 이 조항은 예외가 될 수 있다.

① 지진력저항시스템 설계에 사용된 밑면전단력은 (식 3.1)과 (식 3.2)에 의해 구해진 최소밑면전단력 V_{min}보다 커야 한다.

$$V_{min} = \frac{V}{B_{V+I}} \qquad \text{(식 3.1)}$$

$$V_{min} = 0.75V \qquad \text{(식 3.2)}$$

여기서, V는 내진설계기준(KBC)의 등가정적해석법에 따라 계산된 해당 방향의 밑면전단력이며, B_{V+I}는 그림 0203.3에 정해진 가속도 감소계수이다. 단, 다음 제한사항에 해당하는 경우, 지진력저항시스템 설계에 사용된 밑면전단력은 $1.0V$ 이하보다 작아서는 안 된다.

① 해당 방향에 대해 비틀림에 저항하는 제진장치가 각 층당 두 개 이하인 경우.

② 지진력저항시스템이 과도한 평면비정형성과 수직비정형성이 존재하는 경우.

0303.1.3 제진시스템

변위의존형 및 속도의존형 제진장치의 해석적 모델은 실험 데이터와 허용오차 내에서 일치해야 하고 강도, 강성, 이력곡선 형상과 관련된 모든 중요한 특성치를 잘 반영할 수 있어야 한다. 만약 이러한 특성치가 시간 및 온도에 따른 함수라면, 이를 포함할 수 있는 이력모델을 사용해야 한다. 다만, 시간과 온도에 따른 장치 특성치의 상한과 하한에 의한 포락선으로 동적 응답을 예측할 수 있는 개략적인 모델링이 가능하다.

해석이나 실험에서 지진력저항시스템과의 연결부재의 비탄성 응답이 제진장치의 이력거동에 해로운 영향을 미치는 경우, 제진시스템의 부재는 감소되지 않은 지진하중(V)을 사용한 설계하중에 대해 탄성을 유지하도록 설계되어야 한다.

0303.1.4 지반운동

제진시스템을 가진 구조물의 해석과 설계에서는 관련기준에 따라 정해진 설계지반운동과 발생 가능한 최대지반운동의 스펙트럼을 사용해야 한다. 제진구조물의 해석에 지진파를 사용하는 경우, KBC 2009, 0306.7.4.1 설계지진파 선정 또는 탄성해석의 경우 ASCE 7-10, 16.1.3절, 비선형해석의 경우 ASCE 7-10, 16.2.3절에서 명시한 바와 같이 해당 지역의 설계 스펙트럼에 어울리도록 지진파를 조정해야 하며, 최소 3개 이상의 지진파를 해석에 사용해야 한다.

0303.2 선형해석

지진력저항시스템의 요소는 관련 내진기준의 요구조건에 부합하도록 모델링되어야 한다. 해석 시, 구조물은 기초에 고정된 것으로 간주해야 하며 제진시스템의 요소들은 제진장치에서 지반과 지진력저항시스템으로 전달되는 설계력을 결정할 수 있도록 모델링되어야 한다. 정적 선형해석에서는 강성이 없는 것으로 해석상 간주되는 속도의존형 제진장치의 경우, 유효강성을 해석모델에 추가하여 제진장치가 구조물의 동적 특성에 미치는 영향을 고려해야 한다.

해석에 사용되는 제진장치의 강성과 감쇠특성은 관련기준에서 정하는 제진장치의 실험에 따라 증명되어야 한다.

0303.3 비선형해석

해석모델에 사용되는 제진장치의 성능과 제진시스템의 세부사항은 관련기준에서 명시된 제진장치실험을 기초로 한다. 제진장치의 비선형 하중-변위 특성은 장치의 특성에 따른 주파수, 진폭 및 지진 지속시간을 명확히 고려할 수 있도록 모델링되어야 한다.

0303.3.1 비선형해석의 요구조건

비선형해석은 구조부재의 비선형 이력거동을 직접적으로 반영할 수 있는 해석모델과 설계응답 스펙트럼에 부합하는 지반운동을 사용한 해석을 통해 지진응답해석을 수행해야 한다.

0303.3.2 구조물의 해석모델

구조물의 해석모델은 질량의 분배특성을 반영해야 한다. 부재의 이력특성은 적절한 실험에 의한 결과와 실험에서 측정된 이력특성 결정인자인 항복강도 및 항복변위, 사이클 증가에 따른 강도 및 강성 저감과 핀칭효과 등을 고려해야 한다. 부재의 강도는 재료의 잉여강도, 소성경화율, 이력강도의 저감 등을 고려하여 실제 예측되는 값을 사용한다. 상부 구조물의 기초는 고정단으로 가정하거나 특정 대지의 지반기록과 합리적 · 공학적 판단에 의해 계산된 기초의 하중지지능력과 강성을 해석모델에 사용해야 한다.

각 방향으로 독립된 지진력저항시스템을 가진 정형구조물에 대해서는 각 방향에 대한 이차원 해석모델이 가능하다. 관련기준에 의해 수평 비정형성이 존재하거나 각 방향에 대해 독립적 저항시스템이 존재하지 않는 경우, 각 층의 비틀림 특성을 고려할 수 있는 3차원 해석모델을 사용해야 한다. 지진력저항시스템의 수직부재에 비해 격막이 충분히 강하지 못한 경우 해석모델은 격막의 유연성과 참여도가 동적 특성에 미치는 영향을 고려할 수 있도록 모델링해야 한다.

0303.3.3 제진장치의 해석모델

변위의존형 제진장치의 해석모델은 제진장치의 실험결과와 이력특성을 고려해야 한다. 속도의존형 제진장치의 해석모델은 실험결과를 반영한 속도지수를 포함해야 한다. 만약 속도지수가 시간 혹은 온도의존성이 있다면 이를 고려한 해석모델을 수립해야 한다.

구조물과 제진장치를 연결하는 연결부재는 해석모델에 반드시 포함되어야 하며, 제진장치의 특성이 시간의 경과에 따라 변동 폭을 가질 경우, 제진장치의 상한과 하한값의 범위를 고려하여 동적 응답을 계산해야 한다.

0303.3.4 응답 매개변수

관련기준에서 주어진 응답 매개변수 이외에도 속도의존형 제진장치의 경우에 비선형해석에 사용되는 각 지반운동에 대해 개별적 제진장치의 하중, 변위, 속도의 최대값으로 결정된 각 응답변수를 결정해야 한다.

만약 7개 이상의 지반운동이 비선형해석에 사용된다면, 제진장치의 하중, 변위, 속도에 대한 설계값은 해석결과의 평균값을 사용한다. 만약 7개 미만의 지반운동이 비선형해석에 사용된다면, 제진장치의 하중, 변위, 속도에 대한 설계값은 해석결과의 최대값으로 사용해야 하며 최소 3개의 지반운동을 비선형해석에 사용해야 한다.

표 0303.1 비선형해석에 대한 기술검토 사항

항 목	검토 사항
지진력저항 시스템	• 질량의 분배특성을 고려한 동적 거동을 표현하기 위한 수학적 모델의 적절성 • 실험결과와 실험에서 측정된 주요 구조부재에 대한 이력 특성 모델의 적절성 • 재료의 잉여강도, 소성 등을 고려한 부재의 강도 • 고정단 기초 또는 기초의 하중-지지능력과 강성에 따른 기초 모델링 • 독립적 2-D 해석모델 또는 비정형성과 형태에 따른 3-D 해석모델 • 격막의 유연성과 동적 거동의 참여도에 대한 격막 모델링 • 최소밑면전단력(V_{min})의 적용
제진시스템	• 제진장치의 비선형 하중-변위 특성 • 제진장치의 실험결과와 실험 특성에 따른 제진장치의 수학적 모델 • 속도지수를 포함한 속도의존형 제진장치 • 시간이나 온도변화에 따른 제진장치의 거동 • 구조물과 제진장치의 연결된 부재의 해석모델 • 제진장치의 시간이력해석 동안의 변화 여부 • 시간의 변화에 따른 제진장치의 재료실험
지반운동 특성	• 최소한 3개의 지반운동 • 7개 이상의 지반운동 사용 시 평균응답값 사용 • 7개 미만의 지반운동 사용 시 최대응답값 사용 • 사용한 지반운동의 평균스펙트럼과 설계 스펙트럼과의 유사성

0304 제진구조물의 해석결과

제진구조물의 해석결과와 관련된 체크리스트는 부록 표 A.6에 정리되어 있다. 특히 제진장치를 제외한 제진시스템을 구성하는 구성요소들은 최대급 지진에 대해서도 탄성에 머물도록 설계되어야 한다. 단, 부록 2(143페이지) ASCE 7-10, 18.2.2.2절에서 언급되어 있는 바와 같이 제진시스템을 구성하는 구조요소의 비선형응답이 제진장치의 역할에 해로운 영향을 미치지 않는다는 것이 실험적·해석적(또는 역학적)으로 검증될 경우 비선형거동을 바탕으로 제진시스템을 구성하는 구조요소를 설계할 수 있다.

0304.1 일반사항

제진장치 사용의 궁극적인 목적은 지진하중이 구조물에 가해졌을 때 제진장치가 지진입력에너지의 상당 부분을 소산하도록 유도하여 지진력저항시스템의 이력거동에 의한 손상에너지를 최소화하는 데 있다. 따라서 구조물에 최적화된 제진장치를 선택하였는지와 성능을 최대로 발휘할 수 있도록 배치하였는지를 평가하는 것이 중요하다. 이를 검토하기 위해서는 해석의 결과를 통해 각각의 에너지 소산량을 정확히 산정하여 제진장치가 제대로 기능을 수행하였는지 평가해야 한다.

2.1.2절에서 언급한 지진에너지 평형방정식을 소산경로별로 재정리하면 입력된 총지진에너지 E_{IN}는 다음 식과 그림 0304.1과 같이 구조물의 지진력저항시스템에 의해 소산된 에너지(E_f), 제진장치에 의해 소산된 에너지(E_v), 이력거동에 의해 소산된 에너지(E_h)의 합으로 이루어진다.

$$E_{IN} = E_f + E_v + E_h \qquad \text{(식 3.3)}$$

여기서, E_f는 운동에너지(E_k)와 탄성변형에너지(E_{el})의 합으로 구할 수 있고, E_v는 구조물의 고유감쇠에 의한 소산에너지(E_{id})와 속도의존형 제진장치에 의한 소산에너지(E_{vd})로 구성되며, E_h는 변위의존형 제진장치에 의한 소산에너지(E_{hd})와 이력거동(구조손상)에 의한 지진력저항시스템의 소산에너지(E_{hs})의 합으로 정의된다.

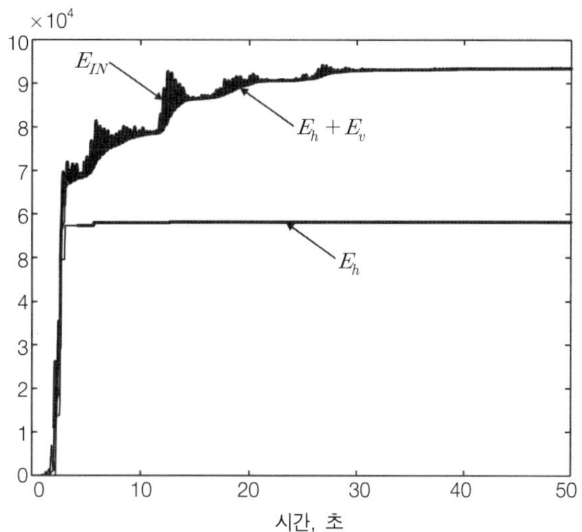

그림 0304.1 시간이력에 따른 소산에너지 결과의 예

시간이력해석을 수행하면 위에서 제시된 모든 에너지양을 확인할 수 있다. 비선형정적 해석, 등가횡력 절차, 응답 스펙트럼 절차 등의 정적 해석방식을 사용한다면 E_k를 계산할 수 없지만, 탄성변형에너지는 응답의 최대값을 적용하여 다음과 같이 가정할 수 있다.

$$E_{el} = \frac{1}{2}\sum_i F_i \delta_i \quad \text{(식 3.4)}$$

(식 3.4)에서 F_i와 δ_i는 i번째 층의 층지진력과 층지진력에 의해 발생한 횡방향 층변위이다. 그러나 그림 0304.1에서 보는 바와 같이 설계지진 시 구조물이 소성변형을 하는 경우에는 일반적으로 탄성변형에너지를 포함한 E_k는 전체 입력에너지에 비하여 무시할 정도로 작다.

속도의존형 제진장치에 의해 소산되는 에너지는 다음 식으로 구할 수 있다.

$$E_{vd} = \frac{2\pi^2}{T} C_j \delta_{rj}^2 \quad \text{(식 3.5)}$$

여기서, T는 구조물의 고유주기이고 C_j는 j번째 속도의존형 제진장치의 제진계수이며 δ_{rj}는 제진장치의 축방향 상대변위이다. 지진력저항시스템과 변위의

존형 제진장치에 의해 소산되는 에너지양은

$$E_h = \kappa K D_y^2 (1-\alpha)(\mu-1) \quad \text{(식 3.6)}$$

으로 계산되며, κ는 구조물의 지진저항 능력에 따라 분류된 계수(ATC 40의 table 8-1), K는 이선형(bilinear) 곡선의 탄성강성, D_y는 항복변위, α는 항복 후 강성비이며, μ는 연성도(D/D_y)이다. 이 중 E_h는 이력거동에 의해 소산된 에너지를 계산하기 위해 ATC40에 의해 제시되었으나, 이후 FEMA 440에서 비선형시간이력해석 결과와의 비교를 통한 통계치에 의한 계수를 이용한 유효감쇠비(β_{eff})를 산정하는 방식이 새롭게 제안됨으로써, 구조물의 고유감쇠비를 뺀 유효감쇠비에 탄성변형에너지를 나누어서 구조물의 이력에너지를 역으로 추정하는 것도 가능하다.

변위의존형 제진장치를 이용한 경우, 제진장치에 의한 이력에너지와 지진력저항시스템의 이력에너지를 구분하는 것이 명확하지 않다. 그러나 속도의존형 제진장치의 경우에는 장치에 의한 소산에너지가 이력에너지와 구분되므로 소산에너지를 항목별로 분류하는 것이 가능하다. 이러한 구조물의 이력에 의한 소산에너지는 다음 식과 같이 구조물의 손상지표(Damage Index)로 활용되어 구조물의 손상수준을 평가하는 정량적인 지표로 활용되기도 한다.

$$DI(t) = \frac{u_{max}}{u_{ult}} + \rho \frac{E_h(t)}{F_y u_{ult}} \quad \text{(식 3.7)}$$

여기서 u_{max}와 u_{ult}는 최대변위와 단조 가력 시 극한변위이며, ρ는 건물유형에 따른 보정계수, E_h는 이력거동에 의한 에너지 소산량, F_y는 항복강도이다. 손상지표가 1.0에 도달하면 붕괴하는 것으로 가정한다.

0304.2 비선형 해석절차

0304.2.1 지진력저항시스템

지진력저항시스템은 지진 밑면전단력 V_{min}을 사용하여 내진설계 범주에 따른 설계 요구조건을 만족해야 한다. 층간변위는 설계 지진력을 사용하여 결정되어야 한다. 설계 지진에 대한 허용층간변위는 표 0304.2와 같다. 지진력저항시스템과는 달리 제진장치와 지진력저항시스템과의 연결부재는 최대지진으로부터 얻어진 힘, 변위 및 속도에 충분히 견딜 수 있도록 설계되어야 한다.

표 0304.2 허용층간변위

	검토 사항		
	특	I	II
허용층간변위	$0.010h_{st}$	$0.015h_{st}$	$0.020h_{st}$

0304.2.2 제진시스템

(1) 하중효과의 조합

연직하중과 지진력에 의한 제진시스템에 대한 효과는 해석에 의해 결정된 수평지진력 Q_E의 효과를 사용하여 조합되어야 한다. 잉여도 계수(Redundancy Factor, ρ)는 모든 경우에 대해 1.0으로 하여 제진장치에 의한 횡력에 대한 충분한 여유도를 고려하며, 수직부재의 층별 불연속성이 존재하는 경우 하중초과계수(Ω_O)를 적용한 지진 하중효과는 제진시스템의 설계에 반영할 필요가 없다.

(2) 대상 응답변수에 대한 수용조건

제진시스템의 구성부재는 비선형 절차로부터 결정된 지진하중에 의한 부재력과 강도저감계수를 적용하지 않은($\Phi = 1.0$) 공칭강도를 사용하여 평가해야 한다. 지진력저항시스템의 응답은 비선형해석을 통하여 직접적으로 평가할 수 있다.

0304.3 응답 스펙트럼 절차 및 등가횡력 절차

0304.3.1 지진력저항시스템

지진력저항시스템은 응답 스펙트럼 절차 또는 등가횡력 절차에 따라 결정된 지진 밑면전단력과 설계력을 사용하며, 내진설계 범주에 따른 설계 요구조건을 만족해야 한다. 설계지진 층간변위 Δ_D는 비틀림효과를 고려하여 표 0304.2로부터 얻어지는 허용층간변위의 (R/C_d)배를 초과해서는 안 된다.

0304.3.2 제진시스템

제진시스템은 이 절에 따라 결정된 지진 설계력과 지진하중 조건에 대하여 내진설계 범주의 설계 요구조건을 만족해야 한다.

점성 제진장치, 점탄성 제진장치 등 속도의존형 제진장치를 사용할 경우 실제 사용되는 대부분 장치의 특성이 속도지수 α가 1보다 작기 때문에 장치의 힘-변위관계 곡선이 직사각형에 근접한 비선형성을 띠게 된다. 만약 선형성($\alpha = 1.0$)을 가정한다면, 선형해석 절차를 사용하더라도 정확한 결과를 얻을 수 있지만, 제진장치 자체의 비선형성($\alpha < 1.0$)이 존재하거나 강진 발생 시에는 선형 점성제진장치라 하더라도 비선형거동이 예측되므로 비선형 해석이 요구된다.

반면에 강재이력형, 마찰형, 좌굴방지형 등의 변위의존형 제진장치는 탄성범위를 규정하는 항복강도가 존재하고, 항복 후 강한 비선형성을 이용하여 에너지 소산작용을 하는 장치이다. 또한 최대하중 발생 시 구조체와 위상차가 발생하는 속도의존형 제진장치와는 달리 최대변위 발생 시 구조체와 제진장치가 동시에 최대하중에 도달하게 된다. 따라서 등가횡력 절차나 응답 스펙트럼 절차와 같이 비교적 간단한 선형 절차를 이용하여 정적 층지진력에 의한 변위를 설계변위로 간주하여 제진시스템 및 지진력저항시스템의 부재설계를 진행할 수 있다. 지진응답해석에서 얻어진 각 층의 손상분포와 응답예측에 의한 손상분포를 비교하고, 각 층의 최대 소성변형량이 각 제진장치의 소성변형능력 이하인지를 확인해야 한다.

(1) 하중효과의 조합

연직하중과 지진력에 의한 제진시스템의 효과는 해석에 의해 결정된 수평지진력 Q_E의 효과를 사용하여 조합되어야 한다. 잉여도 계수(Redundancy Factor, ρ)는 모든 경우에 대해 1.0으로 하여 제진장치에 의한 횡력의 충분한 여유도를 고려하며, 수직부재의 층별 불연속성이 존재하는 경우 하중초과계수(Ω_O)를 적용한 지진하중 효과는 제진시스템의 설계에 반영할 필요가 없다.

(2) 모드조합을 통한 제진시스템 설계하중

모드별 제진시스템의 설계하중은 제진장치의 형태와 응답 스펙트럼 절차나 등가횡력 절차에 따라 결정된 모드별 설계 층간변위와 속도에 근거하여 계산되어야 한다. 응답이력해석에 의하여 최대응답을 확인해야 하는 경우 모드 설계층간변위와 속도는 전체 설계 층간변위와 속도를 포락할 수 있도록 증가시켜야 한다.

① **변위의존형 제진장치** : 변위의존형 제진장치의 설계 지진력은 설계지진 층간변위 Δ_D에 이를 때까지의 변위와 Δ_D를 반영한 하중조합에 의한 변위에서 장치에 발생하는 최대력에 근거해야 한다.

② **속도의존형 제진장치** : 각 진동모드에서 속도의존형 제진장치의 설계 지진력은 대상 모드에 대하여 설계지진 층간속도와 속도에서 장치에 발생하는 최대력에 근거해야 한다.

각 층에서 제진장치의 설계력을 결정하는 데 사용되는 변위와 속도는 수평에 대한 제진장치의 방향각과 비틀림 움직임에 의해 증가된 층응답의 효과를 고려해야 한다.

(3) 지진하중 조건과 모달응답의 조합

지진하중에 의한 제진시스템 각 요소의 설계하중 Q_E는 모드별 SRSS 조합을 통해 최대수평력을 계산해야 한다. 제진시스템의 설계하중은 최대변위, 최대속도, 최대가속도 발생단계를 모두 고려하여 이 세 가지 하중조건 중 최대값으로 해야 한다.

① **최대변위 발생단계** : 최대변위 발생단계에서 제진시스템 요소의 설계하중은 다음 식에 따라 계산한다.

$$Q_E = \Omega_0 \sqrt{\sum_m (Q_{mSFRS})^2} \pm Q_{DSD} \qquad \text{(식 3.8)}$$

여기서, Q_{mSFRS}는 제진시스템 요소 부재력으로 m차 모드에서 지진력저항시스템의 설계 지진력과 같고, Q_{DSD}는 변위의존형 제진장치가 설계 지진력에 저항하는 데 요구되는 제진시스템 요소 부재력이다. 제진시스템 요소의 지진력

Q_{DSD}은 제진시스템에 의사정적 하중으로 변위의존형 제진장치의 설계하중을 부과함으로써 계산되어야 한다. 변위의존형 제진장치의 설계하중은 구조물의 최대변위에서 양과 음의 방향 모두 재해야 한다.

② **최대속도 발생단계**: 최대속도 발생단계에서 제진시스템 요소의 설계력은 다음 식에 따라 계산한다.

$$Q_E = \sqrt{\sum_m (Q_{mDSV})^2} \qquad \text{(식 3.9)}$$

여기서, Q_{mDSV}는 m차 모드에서 속도의존형 제진장치의 설계하중에 저항하기 위하여 요구되는 제진시스템 요소의 힘이다. 속도의존형 제진장치(점성 제진장치, 점탄성 제진장치 등) 적용 시 선형($\alpha = 1.0$)이라고 가정한다면, 제진장치의 최대설계하중은 구조물의 최대변위와 약 90° 의 위상차이(out-of-phase)가 발생하기 때문에 구조물의 변위가 0인 시점에서 제진장치에서 발생하는 축력이 최대가 된다. 따라서 구조물의 변형이 발생하지 않은 상태에서 제진장치의 최대 축하중을 구조물에 재하하여 제진시스템의 구성부재를 설계해야 한다.

제진시스템의 요소에 작용하는 설계하중 Q_{mDSV}은 의사 정적력으로 변형이 없는 제진시스템에 속도의존형 장치의 m차 모드의 설계하중을 부과하여 계산한다. m차 모드의 설계하중은 대상 모드의 변형형태와 일치하는 방향으로 작용되어야 한다. 수평 구속력은 구조물의 각 층에서 수평변위가 0이 될 수 있도록 변형이 없는 제진시스템의 각 층 레벨 i에서 속도의존형 제진장치의 설계하중과 일치하게 작용되어야 한다. 각 층 레벨 i에서 구속력은 각 질량점의 위치에 비례하여 작용해야 한다.

③ **최대가속도 발생단계**: 최대가속도 발생단계에서 제진시스템 요소의 설계하중은 다음의 식에 따라 계산한다.

$$Q_E = \sqrt{\sum_m (C_{mFD}\Omega_o Q_{mSFRS} + C_{mFV} Q_{mDSV})^2} \pm Q_{DSD}$$

(식 3.10)

변위와 속도에 대한 조합력 계수 C_{mFD}와 C_{mFV}는 유효 감쇠값을 사용하여 표 0304.3과 표 0304.4로부터 결정된다.

표 0304.3 변위에 대한 조합력 계수

유효감쇠	$\mu \leq 1.0$				$C^c_{mFD} = 1.0$
	$\alpha \leq 0.25$	$\alpha = 0.50$	$\alpha = 0.75$	$\alpha \geq 1.0$	
≤ 0.05	1.00	1.00	1.00	1.00	$\mu \geq 1.0$
0.1	1.00	1.00	1.00	1.00	$\mu \geq 1.0$
0.2	1.00	0.95	0.94	0.93	$\mu \geq 1.1$
0.3	1.00	0.92	0.88	0.86	$\mu \geq 1.2$
0.4	1.00	0.88	0.81	0.78	$\mu \geq 1.3$
0.5	1.00	0.84	0.73	0.71	$\mu \geq 1.4$
0.6	1.00	0.79	0.64	0.64	$\mu \geq 1.6$
0.7	1.00	0.75	0.55	0.58	$\mu \geq 1.7$
0.8	1.00	0.70	0.50	0.53	$\mu \geq 1.9$
0.9	1.00	0.66	0.50	0.50	$\mu \geq 2.1$
≥ 1.0	1.00	0.62	0.50	0.50	$\mu \geq 2.2$

a : 해석이나 실험데이터가 다른 값을 뒷받침하지 못하면 점탄성 시스템에 대한 힘 계수 C_{mFD}는 1.0으로 해야 한다.

b : 속도지수 α와 연성요구 μ의 중간 값에 대해서는 직선보간한다.

c : C_{mFD}는 표에 나타난 값 이상의 연성요구 값 μ에 대하여 1.0으로 해야 한다.

표 0304.4 속도에 대한 조합력 계수

유효감쇠	$\alpha \leq 0.25$	$\alpha = 0.50$	$\alpha = 0.75$	$\alpha \geq 1.0$
≤ 0.05	1.00	0.35	0.20	0.10
0.1	1.00	0.44	0.31	0.20
0.2	1.00	0.56	0.46	0.37
0.3	1.00	0.64	0.58	0.51
0.4	1.00	0.70	0.69	0.62
0.5	1.00	0.75	0.77	0.71
0.6	1.00	0.80	0.84	0.77
0.7	1.00	0.83	0.90	0.81
0.8	1.00	0.90	0.94	0.90
0.9	1.00	1.00	1.00	1.00
≥ 1.0	1.00	1.00	1.00	1.00

a : 해석이나 실험데이터가 다른 값을 뒷받침하지 못하면 점탄성 시스템에 대한 힘 계수 C_{mFV}는 1.0으로 해야 한다.

b : 속도지수 α와 연성요구 μ의 중간 값에 대해서는 직선보간한다.

대상 방향으로 1차 모드에 대하여 계수 C_{1FD}와 C_{1FV}는 (식 3.11)과 같은 제진장치의 부재력 산정식에 포함된 속도와 관련된 계수인 속도 지수 α에 근거해야 한다.

$$F = C_o|D|^{\alpha} sgn(D) \qquad \text{(식 3.11)}$$

1차 모드에 대한 유효감쇠는 각 응답레벨($\mu = \mu_D$ 또는 $\mu = \mu_M$)에서 이력거동에 의한 감쇠를 뺀($\beta_{1D} - \beta_{HD}$ 또는 $\beta_{1M} - \beta_{HM}$) 유효감쇠와 같다. 고차모드($m > 1$)나 잔류모드에 대해서는 C_{mFD}와 C_{mFV}는 $\alpha = 1.0$으로 가정하여 결정한다. 고차모드에 대한 유효감쇠는 해당모드의 유효감쇠(β_{mD} 또는 β_{mV})와 같다. C_{mFD}의 결정 시 요구 연성도는 1차 모드의 요구 연성도($\mu = \mu_D$ 또는 $\mu = \mu_M$)와 같다고 가정한다.

(4) 비탄성 응답 한계

해석이나 실험에 의해 다음의 사항에 해당하는 경우, 제진시스템의 부재는 설계하중에 의해 결정되는 강도의 범위를 초과하는 것이 허용된다.

① 비탄성 응답이 제진시스템 기능에 악영향을 주지 않는 경우

② Ω_0=1.0을 사용하여 계산된 제진시스템의 설계부재력이 지진하중조합에서 요구되는 강도를 초과하지 않는 경우

표 0304.5 지진력저항시스템에 대한 기술검토 사항

			검토사항
응답 스펙트럼 절차 및 등가횡력 절차	예비단계		• 지진 방향으로 구조물의 기본모드에 대한 전체 유효감쇠가 임계감쇠(C_{cr})의 35% 이하인가? (공통 적용) • 지진하중저항시스템이 수평 비정형 형태 1a 또는 1b(ASCE 7-05의 표 12.3-1)이거나 수직 비정형 형태 1a, 1b, 2 또는 3(ASCE 7-05의 표 12.3-2)에 해당하지 않는가? (등가횡력 절차) • 상부 구조물의 높이가 30m 이하인가? (등가횡력 절차)
	해석단계		• 설계 밑면전단력이 최소밑면전단력 기준을 만족하는가?
	설계단계		• 내진설계 범주에 따른 설계가 제대로 이루어졌는가? • 층간변위비가 허용범위의 (R/C_d)배 이하를 만족하는가?
비선형 절차	예비단계		• 사용 프로그램이 부재의 비선형 특성에 대한 검증이 되어 있는가?
	비선형 정적	해석 단계	• 횡력저항 부재의 비선형 특성을 제대로 고려하였는가? • 설계 밑면전단력이 최소밑면전단력 기준을 만족하는가?
		설계 단계	• 내진설계 범주에 따른 설계가 제대로 이루어졌는가? (비선형 절차에 의한 하중으로 설계 시 검토 필요 없음) • 층간변위비가 설계 허용범위를 만족하는가?
	비선형 동적	해석 단계	• 선정된 외부지진파가 해당 부지의 지반특성(단층, 지반분류 등)의 변수를 반영하고 있는가? • 지진파 보정 시 기준에 의한 보정법이 적용되었는가? • 인공지진파의 응답 스펙트럼이 설계 스펙트럼의 응답가속도와 특성을 제대로 반영하고 있는가? • 횡력저항 부재의 비선형 특성을 제대로 고려하였는가?
		설계 단계	• 내진설계 범주에 따른 설계가 제대로 이루어졌는가? (비선형 절차에 의한 하중으로 설계 시 검토 필요 없음) • 층간변위비가 설계 허용범위를 만족하는가?

표 0304.6 제진시스템에 대한 기술검토 사항

<table>
<tr><th colspan="3"></th><th>검토사항</th></tr>
<tr><td rowspan="3">응답
스펙트럼
절차
및
등가횡력
절차</td><td colspan="2">예비단계</td><td>• 제진장치가 기준에 의한 품질관리시험을 통과한 제품인가?
• 지진 방향으로 제진시스템이 비틀림에 저항하도록 구성되고 각 층에서 적어도 2개의 제진장치를 보유하고 있는가? (공통 적용)</td></tr>
<tr><td colspan="2">해석단계</td><td>• 제진장치의 강성 (점성제진장치 제외) 및 감쇠특성을 모델링에 적절히 반영하였는가?</td></tr>
<tr><td colspan="2">설계단계</td><td>• 설계지진에 의한 최대변위(변위의존형), 최대속도(속도의존형), 최대가속도(변위, 속도) 단계에서 검토하였는가?
• 제진장치의 방향각, 비틀림 증폭효과를 고려하였는가?
• 설계를 위한 하중조합 시 연직하중에 의한 효과를 고려하였는가?</td></tr>
<tr><td rowspan="5">비선형 절차</td><td colspan="2">예비단계</td><td>• 제진장치가 기준에 의한 품질관리시험을 통과한 제품인가?
• 사용 프로그램이 제진장치의 감쇠특성 반영에 대한 검증이 되어 있는가?</td></tr>
<tr><td rowspan="2">비
선
형
정
적</td><td>해석
단계</td><td>• 제진장치의 강성(점성제진장치 제외) 및 감쇠특성을 모델링에 적절히 반영하였는가?
• 제진장치의 등가유효감쇠 산정 시 유효주기를 적용하였는가?</td></tr>
<tr><td>설계
단계</td><td>• 제진장치와 접합부 설계 시 최대변위(변위의존형), 최대속도(속도의존형), 최대가속도(변위, 속도) 단계에서 검토하였는가?
• 설계를 위한 하중조합 시 연직하중에 의한 효과를 고려하였는가?
• 제진시스템 요소 설계 시 강도저감계수를 1.0으로 적용하였는가?</td></tr>
<tr><td rowspan="2">비
선
형
동
적</td><td>해석
단계</td><td>• 제진장치의 강성(점성제진장치 제외) 및 감쇠특성을 모델링에 적절히 반영하였는가?</td></tr>
<tr><td>설계
단계</td><td>• 제진장치와 접합부 설계 시, 최대지진에 의한 힘, 변위, 속도를 기준으로 산정하였는가?
• 설계를 위한 하중조합 시 연직하중에 의한 효과를 고려하였는가?</td></tr>
</table>

제 4 장

제진구조설계 기술검토 예

4장에서는 신축 제진구조물과 기존 건물의 내진성능을 향상시키기 위해 제진장치를 사용한 경우를 가정하여 제진구조설계 기술검토 지침을 적용시켜 제진구조설계 기술검토 절차 및 체크리스트에 대한 이해와 적용성을 높이고자 하였다.

0401 신축 제진구조물의 기술검토

0401.1 대상 구조물

대상 구조물은 그림 0401.1과 같이 장변방향으로 30미터(4경간), 단변방향으로 12미터(2경간) 크기의 지상 6층 규모(건물 높이 21.6미터)의 사무실 건물로 서울지역의 SD지반에 위치한 것으로 가정한다. 본 예제에서는 그림 0401.2의 좌측 그림과 같이 단변방향의 두 경간 중 짧은 경간(Y2-Y3)에 제진장치를 배치하는 것을 가정하여 제진구조물을 설계하였으며, 장변방향으로는 지진력저항시스템(X2-X4 사이에 위치한 철골모멘트골조)만으로 충분히 설계지진에 대해 저항력을 가지는 것으로 판단되어 제진장치를 설치하지 않았으며, 따라서 제진구조설계 기술검토 대상이 아닌 것으로 가정하였다.

대상 구조물 단변방향의 내진성능을 확보하기 위하여 사용한 제진장치는 다양한 실험 등을 통하여 그 이력특성과 설계식 등의 검증이 완료된 강재이력형 제진장치로 형상을 그림 0401.2의 우측에 도시하였다. 사용한 제진장치의 에너지 소산 메커니즘은 응력집중을 피하기 위하여 강판에 슬릿을 배치하여 안정적인 이력거동을 구현할 수 있도록 고안된 장치이다.

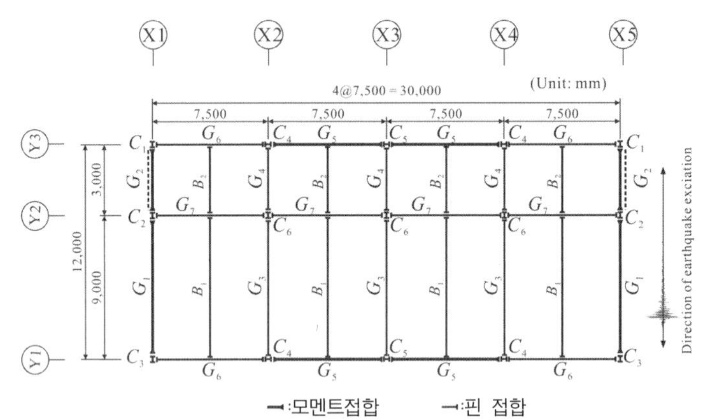

그림 0401.1 대상구조물의 기준층 구조평면도

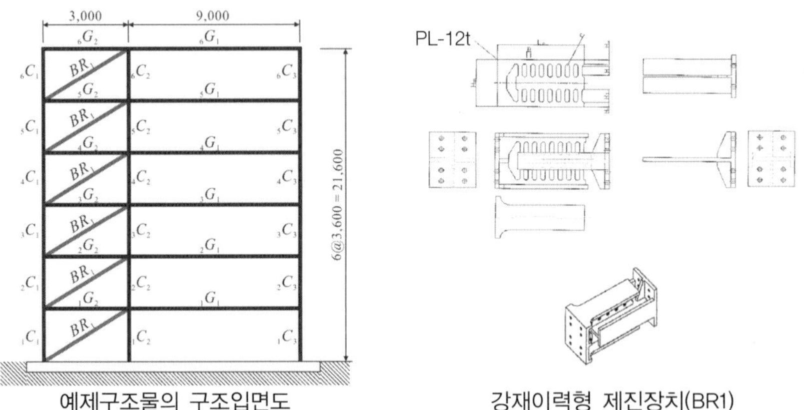

그림 0401.2 대상구조물의 구조입면도 및 제진장치

0401.2 제진구조설계 1차 기술검토

0401.2.1 제진구조물 설계

대상 구조물의 주요 횡력저항요소는 단변방향으로 설치되어 있는 철골보통모멘트골조와 X1과 X5 골조의 짧은 경간에 대각선으로 설치되어 있는 강재이력형 제진장치이다. 대상 구조물은 건축법 "건축물의 구조기준 등에 관한 규칙"과 KBC2009에 따라 설계하중을 결정하고 한계상태설계법에 따라 지진력저항시스템을 설계하였다. 구조설계자는 짧은 경간에 설치될 강재이력형 제진장치가 지진력저항시스템에 강성을 추가시킨다는 점을 고려하여 철골보통가새골조로 가정하여 지진력저항시스템을 설계하였으며, 전 층에 동일한 성능의 제진장치를 배치하였다. 이에 따른 지진력저항시스템의 부재 일람표를 표 0401.1에, 사용한 강재이력형 제진장치의 재원을 표 0401.2에 정리하였다.

표 0401.1 강재이력형 제진장치의 규격 및 성능

Story	n	t (mm)	B (mm)	H (mm)	r=H/4 (mm)	HT (mm)
1~6F(BR1)	40	12	24	103	26	155

Story	Target, Qy (kN)	Target, Ke (kN/mm)	Actual Qy (kN)	Actual Ke (kN/mm)
1~6F(BR1)	392	206.3	408.8	215.5

표 0401.2 지진력저항시스템의 부재 일람표

기둥 부재명	부재 크기	보 부재명	부재 크기
1~3C1	H 208×202×10/16	1~3G1	H 400×200×8/13
4~6C1	H 200×200×8/12	4~6G1	H 400×200×8/13
1~3C2	H 300×300×10/15	1~2G2	H 200×200×8/12
4~6C2	H 250×250×9/14	3~6G2	H 194×150×5/9
1~6C3	H 250×250×9/14		

0401.2.2 제진구조물 설계 기술검토 의견

구조설계자가 작성한 구조계산서와 도면 등을 바탕으로 제진구조설계 기술검토 체크리스트를 표 0401.3.~표 0401.7에 작성하였으며, 기술검토자는 이를 검토하여 표 0401.8의 종합의견서와 함께 검토내용을 구조설계자에게 전달하였다.

1차 제진구조설계에 대한 종합의견은 수정을 요하는 “RR”로 지진력저항시스템에 대한 구조설계와 제진장치 배치와 관련된 수정검토 의견이 있었다. 제진시스템과 지진력저항시스템에 대한 본 지침의 정의에 따라 제진장치를 포함하고 있는 가새를 제외한 철골모멘트골조는 지진력저항시스템으로 분류할 수 있고, 가새를 포함한 짧은 경간의 철골모멘트골조는 제진시스템으로 분류할 수 있다. 따라서 짧은 경간의 철골모멘트골조는 지진력저항시스템과 제진시스템의 요구조건을 동시에 만족해야 한다. 특히 짧은 경간의 철골모멘트골조는 기본적으로 탄성설계가 원칙이나, 보 단부의 소성거동이 제진장치를 포함하는 가새부재의 이력거동에 해로운 영향을 주지 않도록 가새부재와 기둥부재를 연결하는 거싯 플레이트의 상세를 제시하도록 구조설계자에게 제안하였다. ASCE 7-10, 18장의 기초가 된 라미레즈(Ramirez) 등(2001)이 저술한 MCEER-00-0010보고서에도 이와 유사한 정의와 적용사례를 찾아볼 수 있다. 또한 1차 기술검토에서는 지진력저항시스템은 총지진하중의 최소 75% 이상을 분담할 것을 제시하였다.

표 0401.3 제진구조물 일반사항 체크리스트

항 목		설계 자료		기술검토 (AC : Acceptable, MC : Minor Comment, RR : Revision Required)	
		내 용	관련 설계도서		
개요	위치	○○시 ○○구 ○○동	N.A.	■ AC □ MC □ RR	
	이름	○○오피스	N.A.	■ AC □ MC □ RR	
	용도	사무실	N.A.	■ AC □ MC □ RR	
	규모	지상 6층	구조계산서 (1페이지)	■ AC □ MC □ RR	
	하중기준	KBC 2009 등	구조계산서 (1페이지)	■ AC □ MC □ RR	
	구조형식	철골조 + 강재 이력형 제진장치	구조계산서 (1페이지) 구조계산서 (33페이지)	■ AC □ MC □ RR	
구조재료	콘크리트	–	N.A.	■ AC □ MC □ RR	
	철근	–	N.A.	■ AC □ MC □ RR	
	철골	SS400, $F_y = 235MPa$ $F_u = 400MPa$	구조계산서 (2페이지)	■ AC □ MC □ RR	
도면	평면도	골조 평면도	구조계산서 (3페이지)	■ AC □ MC □ RR	
	입면도	골조 입면도	구조계산서 (3페이지)	■ AC □ MC □ RR	
	단면도	골조 단면도	N.A.	■ AC □ MC □ RR	
	제진장치	제진장치 배치도 및 제진장치와 지진력저항시스템과의 연결부 도면	구조계산서 (33페이지) 구조계산서 (34페이지)	□ AC □ MC ■ RR	짧은 경간의 모멘트골조의 보 단부의 소성거동이 제진장치의 이력거동에 해로운 영향을 주지 않도록 제진장치를 포함하는 가새와 철골모멘트골조의 접합상세를 수정하여 제시할 것

표 0401.4 제진구조물 설계하중 체크리스트

<table>
<tr><th colspan="2" rowspan="2">항 목</th><th colspan="2">설계 자료</th><th colspan="2" rowspan="2">기술검토
(AC : Acceptable,
MC : Minor Comment,
RR : Revision Required)</th></tr>
<tr><th>내 용</th><th>관련
설계도서</th></tr>
<tr><td rowspan="4">중력하중</td><td rowspan="2">고정하중</td><td>2층~6층 : 1620 kN,
지붕층 : 1440 kN</td><td>구조계산서
(4페이지)</td><td rowspan="2">□ AC
■ MC
□ RR</td><td rowspan="2">계산한 유효지진중량과 구조계산서와 차이가 남. 계산상의 오류로 보이므로 수정할 것.</td></tr>
<tr><td>유효지진중량 :
1104 kN=1.0×고정하중</td><td>구조계산서
(5페이지)</td></tr>
<tr><td rowspan="2">활하중</td><td>2층~6층 : 1080 kN,
지붕층 : 720 kN</td><td>구조계산서
(4페이지)</td><td rowspan="2">■ AC
□ MC
□ RR</td><td rowspan="2"></td></tr>
<tr><td>유효지진중량 :
0 kN=0.0×활하중</td><td>구조계산서
(5페이지)</td></tr>
<tr><td rowspan="3">풍하중</td><td>설계
기본
풍속</td><td>$v = 30\text{m/sec}$</td><td>구조계산서
(4페이지)</td><td>■ AC
□ MC
□ RR</td><td></td></tr>
<tr><td>설계
밑면전단력</td><td>$V = 68\text{kN}$</td><td>구조계산서
(4페이지)</td><td>■ AC
□ MC
□ RR</td><td></td></tr>
<tr><td>풍하중을
포함한
조합하중에
의한 부재력</td><td>–</td><td>구조계산서
(8페이지)</td><td>■ AC
□ MC
□ RR</td><td></td></tr>
<tr><td rowspan="6">지진하중</td><td>내진등급
(체크)</td><td>I</td><td>구조계산서
(5페이지)</td><td>■ AC
□ MC
□ RR</td><td></td></tr>
<tr><td>지역계수</td><td>$S = 0.22$</td><td>구조계산서
(5페이지)</td><td>■ AC
□ MC
□ RR</td><td></td></tr>
<tr><td>지반
종류(체크)</td><td>SD</td><td>구조계산서
(5페이지)</td><td>■ AC
□ MC
□ RR</td><td></td></tr>
<tr><td>지반증폭
계수</td><td>$F_a = 1.36$, $F_v = 1.96$</td><td>구조계산서
(5페이지)</td><td>■ AC
□ MC
□ RR</td><td></td></tr>
<tr><td>설계
스펙트럼
가속도</td><td>$S_{DS} = 0.4987$,
$S_{D1} = 0.2875$</td><td>구조계산서
(5페이지)</td><td>■ AC
□ MC
□ RR</td><td></td></tr>
<tr><td>내진설계
범주(체크)</td><td>D</td><td>구조계산서
(5페이지)</td><td>■ AC
□ MC
□ RR</td><td></td></tr>
</table>

<table>
<tr><th colspan="2" rowspan="2">항 목</th><th colspan="2">설계 자료</th><th colspan="2" rowspan="2">기술검토
(AC : Acceptable, MC : Minor Comment,
RR : Revision Required)</th></tr>
<tr><th>내 용</th><th>관련
설계도서</th></tr>
<tr><td rowspan="3">지
진
하
중</td><td>지진력저항
시스템의
설계 계수</td><td>$R = 3.25$ $\Omega_o = 2.0$
$C_d = 3.25$ $I = 1.2$</td><td>구조계산서
(5페이지)</td><td>□ AC
□ MC
■ RR</td><td>지진력저항시스템은 철골보통중심가새 골조가 아닌 철골보통모멘트골조이며, 철골보통모멘트골조는 전체 지진하중의 75% 이상을 분담해야 함.</td></tr>
<tr><td>제진시스템
을 제외한
골조의 높이
제한</td><td>해당 없음</td><td>N.A.</td><td>■ AC
□ MC
□ RR</td><td></td></tr>
<tr><td>비정형성</td><td>평면 비정형성 유형: –
수직 비정형성 유형: –</td><td>N.A.</td><td>■ AC
□ MC
□ RR</td><td></td></tr>
</table>

표 0401.5 지진력저항시스템의 동특성에 대한 체크리스트

<table>
<tr><th colspan="3" rowspan="2">항 목</th><th colspan="6">설계 자료</th><th colspan="2" rowspan="2">기술검토
(AC : Acceptable,
MC : Minor Comment,
RR : Revision Required)</th></tr>
<tr><th colspan="5">내 용</th><th>관련
설계도서</th></tr>
<tr><td rowspan="6">동
특
성[1)]</td><td rowspan="6">X
방
향</td><td>모드</td><td>1차 모드</td><td>2차 모드</td><td>3차 모드</td><td>4차 모드</td><td>5차 모드</td><td></td><td rowspan="6">□ AC
□ MC
■ RR</td><td rowspan="6">지진력저항시스템이 철골보통모멘트골조이므로 철골중심가새골조로 지진력저항시템을 가정한 현 설계에서는 밑면전단력을 과대평가할 수 있어 물량 증가 등 효율적인 제진구조물 설계가 힘들 것으로 판단되며, 구조물의 거동 예측에도 적당하지 않은 것으로 판단됨. 따라서 철골보통모멘트골조를 지진력저항시스템의 설계 밑면전단력을 계산하여 이에 따라 지진력저항시스템의 부재설계를 수행하고 제진장치를 선택할 것을 권장함.</td></tr>
<tr><td>주기</td><td>1.90sec</td><td>0.62sec</td><td>–</td><td>–</td><td>–</td><td>구조계산서
(6페이지)</td></tr>
<tr><td>모드형상</td><td colspan="6" rowspan="4">구조계산서(6페이지)</td></tr>
<tr><td>가속도
계수[2)]</td></tr>
<tr><td>모드중량</td></tr>
<tr><td>모드
참여계수</td></tr>
</table>

<table>
<tr><th colspan="3" rowspan="2">항 목</th><th colspan="2">설계 자료</th><th colspan="2" rowspan="2">기술검토
(AC : Acceptable,
MC : Minor Comment,
RR : Revision Required)</th></tr>
<tr><th>내 용</th><th>관련
설계도서</th></tr>
<tr><td rowspan="6"></td><td rowspan="6">Y
방
향</td><td>모드</td><td colspan="2" rowspan="6">N.A.</td><td rowspan="6">■ AC
□ MC
□ RR</td><td rowspan="6"></td></tr>
<tr><td>주기</td></tr>
<tr><td>모드형상</td></tr>
<tr><td>가속도
계수[2)]</td></tr>
<tr><td>모드중량</td></tr>
<tr><td>모드
참여계수</td></tr>
</table>

Note :

1) 모드중량의 누적합계가 구조물 전체 지진중량의 90% 이상이 될 때까지의 모든 모드에 대해 기술하며, 제진장치가 탄성강성을 가지고 있는 경우 이를 고려한 고유치 해석을 통한 결과를 나열할 것.

2) 가속도 계수는 KBC 기준에 나오는 CmS값으로 해당 모드의 주기에 대한 설계가속도 스펙트럼계수 값임.

표 0401.6 지진력저항시스템의 해석모델에 대한 체크리스트

<table>
<tr><th rowspan="2">항 목</th><th colspan="6">설계 자료</th><th rowspan="2">기술검토
(AC : Acceptable,
MC : Minor Comment,
RR : Revision Required)</th></tr>
<tr><th colspan="5">내 용</th><th>관련
설계도서</th></tr>
<tr><td rowspan="2">해석기법[1)]
(체크)</td><td colspan="5">□ : 등가 정적법 □ : 응답스펙트럼법
□ : 선형시간 이력해석법
□ : 비선형 정적해석법 ■ : 비선형동적해석법</td><td rowspan="2">N.A.</td><td>■ AC □ MC □ RR</td></tr>
<tr><td colspan="5">해석기법 선정의 근거(기준이나 참고문헌 제시) : ASCE 7-10, 18.2.4</td><td>Comments :</td></tr>
<tr><td rowspan="3">해석에
사용한
프로그램</td><td colspan="3">■ : 상용프로그램</td><td colspan="2">□ : In-House 프로그램</td><td rowspan="3"></td><td>■ AC □ MC □ RR</td></tr>
<tr><td rowspan="2">프로그램
이름</td><td rowspan="2">Perform-3D</td><td rowspan="2" colspan="2">검증문서
제출여부</td><td>□ :제출</td><td rowspan="2">Comments :</td></tr>
<tr><td>□ :미제출</td></tr>
<tr><td rowspan="4">구조물 고유
감쇠모델
(체크)</td><td>□ : 일정 감쇠모델</td><td colspan="2">□ : 선형변화 감쇠모델</td><td colspan="2">■ : Leigh 감쇠모델</td><td rowspan="4"></td><td>■ AC □ MC □ RR</td></tr>
<tr><td rowspan="3">감쇠비 : %</td><td>모드</td><td>감쇠비</td><td>모드</td><td>감쇠비</td><td rowspan="3">Comments :</td></tr>
<tr><td>0차 모드</td><td>%</td><td>1차 모드</td><td>5%</td></tr>
<tr><td>0차 모드</td><td>%</td><td>2차 모드</td><td>5%</td></tr>
</table>

<table>
<tr><th rowspan="2">항 목</th><th colspan="2">설계 자료</th><th rowspan="2">기술검토
(AC : Acceptable,
MC : Minor Comment,
RR : Revision Required)</th></tr>
<tr><th>내 용</th><th>관련 설계도서</th></tr>
<tr><td>질량모델
(체크)</td><td>■ : Lumped mass model | □ : Diagonal mass model | □ : Consistent mass model</td><td></td><td>■ AC □ MC □ RR
Comments :</td></tr>
<tr><td>P-Δ 효과 검토 여부
(체크)</td><td>■ : P-Δ 효과 미고려 | □ : P-Δ효과 고려 (□ : 프로그램에서 고려 | □ : 기댄 기둥 설치)</td><td></td><td>■ AC □ MC □ RR
Comments :</td></tr>
<tr><td>지반에 대한 해석모델</td><td>■ : 고정단으로 고려 | □ : 지반스프링 사용 (□ : 지질보고서에 의한 강성과 감쇠사용 | □ : 기타 방법)</td><td></td><td>■ AC □ MC □ RR
Comments :</td></tr>
<tr><td>지반운동</td><td>□ : 지반운동을 해석에 고려하지 않음
■ : 지반운동을 해석에 고려함
해석에 사용한 지반운동개수: 7
X방향과 Y방향 동시 가력시 비율: 1.0 : 0.0
각 방향 모드 주기에 대한 평균가속도 스펙트럼:
모드 | X방향 | Y방향
1차 모드 | |
2차 모드 | |
3차 모드 | |
4차 모드 | |
5차 모드 | |</td><td></td><td>■ AC □ MC □ RR
Comments :</td></tr>
</table>

<table>
<tr><th colspan="3"></th><th>기둥</th><th>벽체</th><th>보</th><th>접합부[2]</th><th>슬래브[2]</th><th rowspan="2">구조계산서
(10~28페이지)</th><th rowspan="2">■ AC □ MC □ RR
Comments :</th></tr>
<tr><td rowspan="4">부재별 이력거동</td><td colspan="2">이력모델[3]</td><td>FEMA</td><td>–</td><td>FEMA</td><td>–</td><td>–</td></tr>
<tr><td rowspan="3">탄성강성</td><td>축강성</td><td>$1.0EA_g$</td><td>–</td><td>$1.0EA_g$</td><td>–</td><td>–</td><td></td><td>■ AC □ MC □ RR
Comments :</td></tr>
<tr><td>전단강성</td><td>$1.0EA_s$</td><td>–</td><td>$1.0EA_s$</td><td>–</td><td>–</td><td></td><td>■ AC □ MC □ RR
Comments :</td></tr>
<tr><td>휨강성</td><td>$1.0EI_g$</td><td>–</td><td>$1.0EI_g$</td><td>–</td><td>–</td><td></td><td>■ AC □ MC □ RR
Comments :</td></tr>
</table>

항 목		설계 자료						기술검토 (AC : Acceptable, MC : Minor Comment, RR : Revision Required)
		내 용					관련 설계도서	
부재별 이력거동	F_Y	구조계산서(10~28페이지)						■ AC □ MC □ RR Comments :
	α							
	μ_T							
	μ_{MAX}							
	F_{MAX}							
	강성저감 고려 여부	미고려	–	미고려	–	–		■ AC □ MC □ RR Comments :
	강도저감 고려 여부	미고려	–	미고려	–	–		□ AC ■ MC □ RR Comments : 최대요구 연성을 체크하여 각 부재의 강도저감이 발생하는 한계 내에 있는지 반드시 검토해야 함.

Note :

1) 수행한 모든 해석기법에 대해 체크를 할 것.
2) 지진력저항시스템에 대한 해석모델에 포함된 경우에만 기입할 것.
3) F_Y = 설계강도에 대한 항복강도 비, α = 항복후 강성비로서 항복 후 강성을 탄성강성으로 나눈 값,
   μ_T = 최대내력 시의 연성도로서 최대내력 시 변위를 항복변위로 나눈 값
   μ_{MAX} = 항복변위에 대한 허용최대변위의 비, F_{MAX} = 항복강도에 대한 허용최대변위에서의 최대내력의 비

표 0401.7 제진장치의 해석모델 및 실험결과에 대한 체크리스트

항 목		설계 자료				관련 설계 도서	기술검토 (AC : Acceptable, MC : Minor Comment, RR : Revision Required)
		내 용					
제진 장치 해석 모델		1F~6F					□ AC ■ MC □ RR Comments : 전 층에 동일한 성능의 제진장치를 사용하는 것은 효율적인 제진장치의 배치라 볼 수 없다. 따라서 건물의 크기를 고려하여 저층부와 고층부로 나누어 제진장치를 배치하는 것이 타당할 것으로 판단됨.
	종류 (체크)	강재이력형 제진장치					
	이력모델	탄소성 이력곡선					

항 목			설계 자료					기술검토 (AC : Acceptable, MC : Minor Comment, RR : Revision Required)
			내 용				관련 설계 도서	
제진 장치 해석 모델	탄성 강성[1]	축 강성	215.5 kN/mm				구조 계산서 (36~40페이지)	□ AC □ MC ■ RR
			ε : 2%					Comments : 예비설계단계에서 연결재의 강성을 무한강성으로 고려할 수 있지만, 본 설계에서는 연결재의 강성을 해석모델에 구현할 것을 권장함.
		전단강성	–					
		휨 강성						
	항복 강도	축 방향	408.8 kN					■ AC □ MC □ RR
			ε : 2%					Comments :
		전단 방향	–					
		휨						
	항복 후 강성	축 방향	0.01					■ AC □ MC □ RR
			ε : 3%					Comments :
		전단 방향	–					
		휨						
	허용 최대 연성비	축 방향						■ AC □ MC □ RR
								Comments :
		전단 방향	–					
		휨						
실험 결과	시제품실험체와의 유사성		■ : 유사함 □ : 실험예정					■ AC □ MC □ RR
	시제품 실험체와의 가력속도		■ : 정적 □ : 유사정적 ■ : 동적					Comments :
	DBE[2]레벨의 반복가력횟수		10					
	MCE[3]레벨의 반복가력횟수		4					
	미진동에 대한 실험여부		□ : 실시함 □ : 실험예정 ■ : 불필요					

항 목		설계 자료		기술검토 (AC : Acceptable, MC : Minor Comment, RR : Revision Required)
		내 용	관련 설계 도서	
실험 결과	제품실험에 실시 여부	□ : 실시함 ■ : 실험예정 □ : 불필요		■ AC □ MC □ RR Comments :
	제품실험의 횟수	□ : 5% 이내 □ : 10% 이내 ■ : 1 개		■ AC □ MC □ RR Comments :
	품질관리계획	첨부 품질관리지침 및 제품실험횟수 참조		■ AC □ MC □ RR Comments :
	지진발생 후 보수보강계획	품질관리지침과 시공지침서 참조		■ AC □ MC □ RR Comments :
	시공순서 및 주의사항	시공지침서 참조		■ AC □ MC □ RR Comments :

Note :

1) 해석에서 연결재와 제진장치를 하나의 이력모델로 한 경우에는 연결재와 제진장치의 상관관계를 고려한 탄성강성값을 기입할 것.
2) DBE(Design-Based Earthquake)는 설계지반운동으로 50년에 10% 발생 확률의 지진강도를 의미함.
3) MCE(Maximum Considered Earthquake)는 설계지반운동으로 50년에 2% 발생 확률의 지진강도를 의미함.
ε : 해석에 사용된 값과 시제품실험 결과와의 오차로 (해석에 사용된 값-실험결과)/실험결과 ×100으로 계산할 것.

표 0401.8 기술검토 종합의견서

항 목	기술검토의 종합의견 (AC : Acceptable, MC : Minor Comment, RR : Revision Required)
일반사항	□ AC □ MC ■ RR Comments : 짧은 경간의 모멘트골조의 보 단부 소성거동이 제진장치의 이력거동에 해로운 영향을 주지 않도록 제진장치를 포함하는 가새와 철골모멘트골조의 접합상세를 수정하여 제시할 것.
설계하중	□ AC □ MC ■ RR Comments : 지진력저항시스템은 철골보통중심가새골조가 아닌 철골보통모멘트골조이므로 이를 반영하여 부재를 재설계할 것과 철골보통모멘트골조가 전체 지진하중의 최소 75% 이상을 분담할 수 있도록 재설계할 것.

항 목	기술검토의 종합의견 (AC : Acceptable, MC : Minor Comment, RR : Revision Required)
지진력저항 시스템의 동특성	□ AC □ MC ■ RR Comments : 지진력저항시스템이 철골보통모멘트골조이므로 철골중심가새골조로 지진력저항시스템을 가정한 현 설계에서는 밑면전단력을 과대평가할 수 있어 물량 증가 등 효율적인 제진구조물 설계가 힘들 것으로 판단되며, 구조물의 거동 예측에도 적당하지 않은 것으로 판단됨. 따라서 철골보통모멘트골조의 지진력저항시스템의 설계 밑면전단력을 계산하여 이에 따라 지진력저항시스템의 부재설계를 수행하고 제진장치를 선택할 것을 권장함.
지진력저항 시스템의 해석모델	□ AC ■ MC □ RR Comments : 강도저감에 관한 사항을 해석모델에 직접적으로 반영하지 않을 경우 구조계산서는 반드시 최대요구 연성을 체크하여 각 부재의 강도저감이 발생하는 한계 내에 있는지 반드시 검토해야 함.
제진장치의 해석모델과 실험결과 및 적용	□ AC □ MC ■ RR Comments : 전 층에 동일한 성능의 제진장치를 사용하는 것을 효율적인 제진장치의 배치라 볼 수 없다. 따라서 건물을 크기를 고려하여 저층부와 고층부로 나누어 제진장치를 배치하는 것이 타당할 것으로 판단되며, 예비설계단계에서 연결재의 강성을 무한강성으로 고려할 수 있지만, 본 설계에서는 연결재의 강성을 해석모델에 구현할 것을 요구되며, 사용한 제진장치의 크기에 비하여 지진력저항시스템의 부재 크기가 상대적으로 작으므로 이에 대한 검토가 필요함.
제진구조물 해석결과	□ AC □ MC ■ RR Comments : 이상에서 검토한 사항을 반영하여 구조해석모델을 수립하고 해석을 수행한 후 그 결과를 다시 제출해야 함.
종합의견	□ AC □ MC ■ RR Comments : 건축물의 내진성능 확보를 위하여 제진장치를 사용하기에는 무리가 없는 것으로 판단되나, 지진력저항시스템을 설계함에 있어 설계변수 설정과 제진장치의 배치, 이와 관련된 해석모델 수립에서 수정 보완하여 보다 효율적인 제진구조물 설계가 요구됨. 아울러, 제진장치의 성능을 극대화하기 위하여 제진장치가 설치되어 있는 골조가 모든 횡력에 저항하고 나머지 골조는 중력하중만 저항하도록 설계하는 것이 타당함.

0401.3 제진구조설계 2차 기술검토

1차 제진구조설계 기술검토 의견을 바탕으로 설계하중, 지진력저항시스템의 동특성과 해석모델, 제진장치의 해석모델, 그리고 제진구조물 해석결과를 수정하였다. 수정한 내용을 정리하면 표 0401.9와 같다.

표 0401.9 1차 제진구조설계 기술검토 의견 반영사항

항 목	1차 기술검토 의견	반영사항
일반사항	제진장치를 포함하는 가새와 철골모멘트골조의 접합상세를 수정하여 제시할 것.	보 단부의 소성거동을 허락하도록 거싯 플레이트를 기둥플랜지 면에 접합하는 특별 상세를 적용함.
설계하중	지진력저항시스템을 철골보통모멘트골조로 가정하고, 전체 지진하중의 75% 이상을 분담할 수 있도록 구조부재 재설계	지진력저항시스템을 철골보통모멘트골조로 가정하여 반응수정계수와 같은 내진설계 변수를 조정하여 설계 밑면 전단력을 구하고 지진력저항시스템의 부재설계를 수행함.
지진력저항시스템의 동특성	지진력저항시스템을 철골보통모멘트골조로 하여 고유치 해석을 수행하고 그 결과에 따라 제진장치 선택. 단변방향의 모든 지진력을 최외곽 두 개의 골조에서만 저항하도록 설계	바뀐 구조부재를 사용하여 고유치 해석을 수행하였으며, 그 결과를 분석하여 제진장치를 선택하였으며, X방향의 모든 지진력을 최외곽의 제진구조물이 저항하도록 설계함.
지진력저항시스템의 해석모델	부재의 강도저감 효과 고려하거나 부재의 연성능력과 최대요구 연성도 비교	부재의 강도저감을 직접적으로 고려한 부재의 해석모델을 사용함.
제진장치의 해석모델	저층부와 고층부로 나누어 제진장치 성능을 달리하여 배치하고, 연결재의 강성 고려	구조물의 내진성능 확보와 효율적인 제진설계를 위하여 제진장치의 성능을 저층부(1F~2F)와 고층부(3F~6F)로 나누어 배치하여 효율을 높임.
제진구조물 해석결과	이상에서 검토한 사항을 반영한 구조해석모델을 수립하고 그 결과 제출	제진구조물 비선형 시간이력해석 결과를 다시 제출함.

1차 기술검토 의견에 따라 수정된 지진력저항시스템의 부재 일람표는 그림 0401.3과 같으며, 사용된 강재이력형 제진장치의 크기와 성능은 표 0401.10에

정리하였다. 표 0401.11~표 0401.16은 수정된 제진구조설계에 대한 2차 기술 검토 의견이다.

표 0401.10 사용된 강재이력형 제진장치의 규격 및 성능

Story	n	t (mm)	B (mm)	H (mm)	r=H/4 (mm)	HT (mm)
1~2F(BR1)	40	12	24	103	26	155
3~6F(BR2)	32	12	12	39	10	59

Story	Target, Qy (kN)	Target, Ke (kN/mm)	Actual Qy (kN)	Actual Ke (kN/mm)
1~2F(BR1)	392	206.3	408.8	215.5
3~6F(BR2)	162	290.9	181.5	291.3

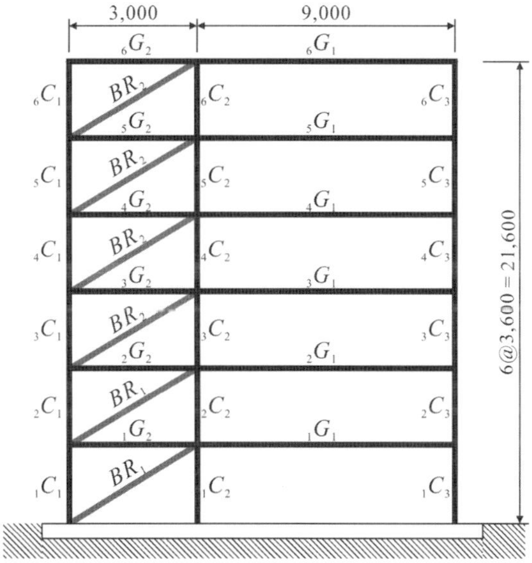

기둥 부재명	부재 크기	보 부재명	부재 크기
1~3C1	H 250×250×9/14	1~3G1	H 500×200×10/16
4~6C1	H 200×200×8/12	4~5G1	H 450×200×9/14
1~3C2	H 310×305×15/20	6G1	H 400×200×8/13
4~6C2	H 298×299×9/14	1~2G2	H 294×200×8/12
1~3C3	H 300×300×10/15	3~6G2	H 244×175×7/11
4~6C3	H 298×299×9/14		

그림 0401.3 지진력저항시스템의 부재 일람표

표 0401.11 제진구조물 설계하중 2차 체크리스트

<table>
<tr><th colspan="2" rowspan="2">항 목</th><th colspan="2">설계 자료</th><th colspan="2" rowspan="2">기술검토 (AC: Acceptable, MC: Minor Comment, RR: Revision Required)</th></tr>
<tr><th>내 용</th><th>관련 설계도서</th></tr>
<tr><td rowspan="4">중력하중</td><td rowspan="2">고정하중</td><td>2층~6층: 1,620 kN, 지붕층: 1,440 kN</td><td>구조계산서 (4페이지)</td><td rowspan="2">■ AC □ MC □ RR</td><td rowspan="2">1차 기술검토 의견이 반영됨</td></tr>
<tr><td>유효지진중량: 4,438 kN=1.0×고정하중</td><td>구조계산서 (5페이지)</td></tr>
<tr><td rowspan="2">활하중</td><td>2층~6층: 1,080 kN, 지붕층: 720 kN</td><td>구조계산서 (4페이지)</td><td rowspan="2">■ AC □ MC □ RR</td><td rowspan="2"></td></tr>
<tr><td>유효지진중량: 0 kN=0.0×활하중</td><td>구조계산서 (5페이지)</td></tr>
<tr><td rowspan="3">풍하중</td><td>설계기본풍속</td><td>$v = 30$ m/sec</td><td>구조계산서 (4페이지)</td><td>■ AC □ MC □ RR</td><td></td></tr>
<tr><td>설계 밑면전단력</td><td>$V = 68$ kN</td><td>구조계산서 (4페이지)</td><td>■ AC □ MC □ RR</td><td></td></tr>
<tr><td>풍하중을 포함한 조합하중에 의한 부재력</td><td>–</td><td>구조계산서 (8페이지)</td><td>■ AC □ MC □ RR</td><td></td></tr>
<tr><td rowspan="10">지진하중</td><td>내진등급(체크)</td><td>I</td><td>구조계산서 (5페이지)</td><td>■ AC □ MC □ RR</td><td></td></tr>
<tr><td>지역계수</td><td>$S = 0.22$</td><td>구조계산서 (5페이지)</td><td>■ AC □ MC □ RR</td><td></td></tr>
<tr><td>지반종류(체크)</td><td>SD</td><td>구조계산서 (5페이지)</td><td>■ AC □ MC □ RR</td><td></td></tr>
<tr><td>지반증폭계수</td><td>$F_a = 1.36$, $F_v = 1.96$</td><td>구조계산서 (5페이지)</td><td>■ AC □ MC □ RR</td><td></td></tr>
<tr><td>설계 스펙트럼 가속도</td><td>$S_{DS} = 0.4987$, $S_{D1} = 0.2875$</td><td>구조계산서 (5페이지)</td><td>■ AC □ MC □ RR</td><td></td></tr>
<tr><td>내진설계 범주(체크)</td><td>D</td><td>구조계산서 (5페이지)</td><td>■ AC □ MC □ RR</td><td></td></tr>
<tr><td>지진력저항시스템의 설계 계수</td><td>$R = 3.50$ $\Omega_o = 3.0$ $C_d = 3.00$ $I = 1.2$</td><td>구조계산서 (5페이지)</td><td>■ AC □ MC □ RR</td><td>1차 기술검토 의견이 반영됨</td></tr>
<tr><td>제진시스템을 제외한 골조의 높이 제한</td><td>해당 없음</td><td>N.A.</td><td>■ AC □ MC □ RR</td><td></td></tr>
<tr><td rowspan="2">비정형성</td><td>평면 비정형성 유형 –</td><td rowspan="2">N.A.</td><td rowspan="2">■ AC □ MC □ RR</td><td rowspan="2"></td></tr>
<tr><td>수직 비정형성 유형 –</td></tr>
</table>

표 0401.12 지진력저항시스템의 동특성에 대한 2차 체크리스트

<table>
<tr><th colspan="3" rowspan="2">항 목</th><th colspan="6">설계 자료</th><th colspan="2" rowspan="2">기술검토
(AC : Acceptable,
MC : Minor Comment,
RR : Revision Required)</th></tr>
<tr><th colspan="5">내 용</th><th>관련
설계도서</th></tr>
<tr><td rowspan="6">동
특
성[1]</td><td rowspan="6">X
방
향</td><td>모드</td><td>1차
모드</td><td>2차
모드</td><td>3차
모드</td><td>4차
모드</td><td>5차
모드</td><td></td><td rowspan="6">■ AC
□ MC
□ RR</td><td rowspan="6">1차 기술검토 의견에 따라 지진력저항시스템을 철골보통모멘트골조로 수정함을 확인하였으며, 고유치 해석이 적절하게 수행됨을 확인함.
고유치 해석 수행결과 2차 모드까지 모달하중이 전체하중의 90% 이상을 차지함을 확인하였고, 구조물의 강성과 질량 배치를 고려할 때 타당한 것으로 판단됨.</td></tr>
<tr><td>주기</td><td>2.30
sec</td><td>0.79
sec</td><td>–</td><td>–</td><td>–</td><td>구조계산서
(6페이지)</td></tr>
<tr><td>모드형상</td><td colspan="6" rowspan="4"></td></tr>
<tr><td>가속도
계수[2]</td></tr>
<tr><td>모드중량</td></tr>
<tr><td>모드
참여계수</td></tr>
</table>

Node	Mode	UX	UY	UZ	RX	RY	RZ

EIGENVALUE ANALYSIS

Mode No	Frequency (rad/sec)	Frequency (cycle/sec)	Period (sec)	Tolerance
1	2.7345	0.4352	2.2978	2.7566e-030
2	7.9734	1.2690	0.7880	2.7566e-030
3	14.2398	2.2663	0.4412	2.7566e-030
4	21.2006	3.3742	0.2964	2.7566e-030
5	27.6147	4.3950	0.2275	2.7566e-030
6	34.2187	5.4461	0.1836	2.7566e-030

MODAL PARTICIPATION MASSES PRINTOUT

Mode No	TRAN-X MASS(%)	TRAN-X SUM(%)	TRAN-Y MASS(%)	TRAN-Y SUM(%)	TRAN-Z MASS(%)	TRAN-Z SUM(%)	ROTN-X MASS(%)	ROTN-X SUM(%)	ROTN-Y MASS(%)	ROTN-Y SUM(%)	ROTN-Z MASS(%)	ROTN-Z SUM(%)
1	79.2694	79.2694	0.0000	0.0000	0.0000	0.0000	0.0000	0.0000	0.0000	0.0000	0.0000	0.0000
2	12.6323	91.9017	0.0000	0.0000	0.0000	0.0000	0.0000	0.0000	0.0000	0.0000	0.0000	0.0000
3	4.0572	95.9588	0.0000	0.0000	0.0000	0.0000	0.0000	0.0000	0.0000	0.0000	0.0000	0.0000
4	2.3651	98.3239	0.0000	0.0000	0.0000	0.0000	0.0000	0.0000	0.0000	0.0000	0.0000	0.0000
5	0.9973	99.3213	0.0000	0.0000	0.0000	0.0000	0.0000	0.0000	0.0000	0.0000	0.0000	0.0000
6	0.6787	100.000	0.0000	0.0000	0.0000	0.0000	0.0000	0.0000	0.0000	0.0000	0.0000	0.0000

Mode No	TRAN-X MASS	TRAN-X SUM	TRAN-Y MASS	TRAN-Y SUM	TRAN-Z MASS	TRAN-Z SUM	ROTN-X MASS	ROTN-X SUM	ROTN-Y MASS	ROTN-Y SUM	ROTN-Z MASS	ROTN-Z SUM
1	357.759	357.759	0.0000	0.0000	0.0000	0.0000	0.0000	0.0000	0.0000	0.0000	0.0000	0.0000
2	57.0121	414.771	0.0000	0.0000	0.0000	0.0000	0.0000	0.0000	0.0000	0.0000	0.0000	0.0000
3	18.3109	433.082	0.0000	0.0000	0.0000	0.0000	0.0000	0.0000	0.0000	0.0000	0.0000	0.0000
4	10.6741	443.756	0.0000	0.0000	0.0000	0.0000	0.0000	0.0000	0.0000	0.0000	0.0000	0.0000
5	4.5012	448.257	0.0000	0.0000	0.0000	0.0000	0.0000	0.0000	0.0000	0.0000	0.0000	0.0000
6	3.0633	451.321	0.0000	0.0000	0.0000	0.0000	0.0000	0.0000	0.0000	0.0000	0.0000	0.0000

MODAL PARTICIPATION FACTOR PRINTOUT (kN,m)

Mode No	TRAN-X Value	TRAN-Y Value	TRAN-Z Value	ROTN-X Value	ROTN-Y Value	ROTN-Z Value
1	18.9145	0.0000	0.0000	0.0000	0.0000	0.0000
2	7.5506	0.0000	0.0000	0.0000	0.0000	0.0000
3	-4.2791	0.0000	0.0000	0.0000	0.0000	0.0000
4	3.2671	0.0000	0.0000	0.0000	0.0000	0.0000
5	2.1216	0.0000	0.0000	0.0000	0.0000	0.0000
6	-1.7502	0.0000	0.0000	0.0000	0.0000	0.0000

MODAL DIRECTION FACTOR PRINTOUT

Mode No	TRAN-X Value	TRAN-Y Value	TRAN-Z Value	ROTN-X Value	ROTN-Y Value	ROTN-Z Value
1	100.0000	0.0000	0.0000	0.0000	0.0000	0.0000
2	100.0000	0.0000	0.0000	0.0000	0.0000	0.0000
3	100.0000	0.0000	0.0000	0.0000	0.0000	0.0000
4	100.0000	0.0000	0.0000	0.0000	0.0000	0.0000
5	100.0000	0.0000	0.0000	0.0000	0.0000	0.0000
6	100.0000	0.0000	0.0000	0.0000	0.0000	0.0000

EIGENVECTOR (kN,m)

Note :

1) 모드중량의 누적합계가 구조물 전체 지진중량의 90% 이상이 될 때까지의 모든 모드에 대해 기술하며, 제진장치가 탄성강성을 가지고 있는 경우 이를 고려한 고유치 해석을 통한 결과를 나열할 것.
2) 가속도 계수는 KBC 기준에 나오는 CmS값으로 해당 모드의 주기에 대한 설계가속도 스펙트럼계수 값임.

표 0401.13 지진력저항시스템의 해석모델에 대한 2차 체크리스트

<table>
<tr><th rowspan="2">항 목</th><th colspan="2">설계 자료</th><th rowspan="2">기술검토
(AC : Acceptable,
MC : Minor Comment,
RR : Revision Required)</th></tr>
<tr><th>내 용</th><th>관련
설계
도서</th></tr>
<tr><td rowspan="2">해석 기법[1]
(체크)</td><td>□ : 등가정적법 □ : 응답 스펙트럼법
□ : 선형 시간이력해석법
■ : 비선형 정적해석법 ■ : 비선형 동적해석법</td><td rowspan="2">N.A.</td><td>■ AC □ MC □ RR</td></tr>
<tr><td>해석기법 선정의 근거(기준이나 참고문헌 제시) :
ASCE 7-10, 18.2.4</td><td>Comments : 해석의 신뢰도 향상을 위해 비선형 정적해석을 추가로 실시한 것을 확인함.</td></tr>
</table>

항 목	설계 자료 내 용	관련 설계 도서	기술검토 (AC : Acceptable, MC : Minor Comment, RR : Revision Required)
해석에 사용한 프로그램	■ : 상용프로그램 / □ : In-House 프로그램 프로그램 이름: Perform-3D 검증문서 제출여부: □ : 제출 / □ : 미제출		■ AC □ MC □ RR Comments :
구조물 고유 감쇠모델 (체크)	□ : 일정 감쇠모델 / □ : 선형변화 감쇠모델 / ■ : Leigh 감쇠모델 감쇠비 : % 모드 / 감쇠비: 0차 모드 % / 0차 모드 % 모드 / 감쇠비: 1차 모드 5% / 2차 모드 5%		■ AC □ MC □ RR Comments :
질량모델 (체크)	■ : Lumped mass model / □ : Diagonal mass model / □ : Consistent mass model		■ AC □ MC □ RR Comments :
P-Δ 효과 검토 여부 (체크)	■ : P-Δ 효과 미고려 □ : P-Δ효과 고려 □ : 프로그램에서 고려 / □ : 기댄 기둥 설치		■ AC □ MC □ RR Comments :
지반에 대한 해석모델	■ : 고정단으로 고려 □ : 지반스프링 사용 □ : 지질보고서에 의한 강성과 감쇠 사용 / □ : 기타 방법		■ AC □ MC □ RR Comments :
지반운동	□ : 지반운동을 해석에 고려하지 않음 ■ : 지반운동을 해석에 고려함 해석에 사용한 지반운동개수: 7 X방향과 Y방향 동시 가력 시 비율: 1.0 : 0.0 각 방향 모드 주기에 대한 평균 가속도 스펙트럼: 모드 / X방향 / Y방향 1차 모드 / 0.139 / – 2차 모드 / 0.414 / – 3차 모드 / – / – 4차 모드 / – / – 5차 모드 / – / –		■ AC □ MC □ RR Comments : 사용한 3개의 역사 지진파와 4개의 인공 지진파를 통하여 얻은 1차와 2차 모드 주기에 대한 가속도 스펙트럼값이 설계가속도 스펙트럼값과 잘 어울림을 확인함.

항 목		설계 자료						기술검토 (AC : Acceptable, MC : Minor Comment, RR : Revision Required)
		내 용					관련 설계 도서	
부재별 이력거동		기둥	벽체	보	접합부[2]	슬래브[2]	구조계산서 (10~28 페이지)	■ AC □ MC □ RR Comments :
	이력 모델[3]	FEMA	–	FEMA	–	–		
	탄성강성 축강성	$1.0EA_g$	–	$1.0EA_g$	–	–		■ AC □ MC □ RR Comments :
	탄성강성 전단강성	$1.0EA_s$	–	$1.0EA_s$	–	–		■ AC □ MC □ RR Comments :
	탄성강성 휨강성	$1.0EI_g$	–	$1.0EI_g$	–	–		■ AC □ MC □ RR Comments :
	F_Y	구조계산서(10~28페이지)						■ AC □ MC □ RR Comments :
	α							
	μ_T							
	μ_{MAX}							
	F_{MAX}							
	강성저감고려 여부	미고려	–	미고려	–	–		■ AC □ MC □ RR Comments :
	강도저감고려 여부	고려	–	고려	–	–		■ AC □ MC □ RR Comments : 강도저감을 고려한 해석모델이 수립됨을 확인함.

Note :

1) 수행한 모든 해석기법에 대해 체크 할 것.

2) 지진력저항시스템에 대한 해석모델에 포함된 경우에만 기입할 것.

3) F_Y = 설계강도에 대한 항복강도 비, α = 항복 후 강성비로서 항복 후 강성을 탄성강성으로 나눈 값,
μ_T = 최대내력 시의 연성도로서 최대내력 시 변위를 항복변위로 나눈 값
μ_{MAX} = 항복변위에 대한 허용최대변위의 비, F_{MAX} = 항복강도에 대한 허용최대변위에서의 최대내력의 비

표 0401.14 제진장치의 해석모델 및 실험결과에 대한 2차 체크리스트

<table>
<tr><th colspan="3" rowspan="2">항 목</th><th colspan="6">설계 자료</th><th rowspan="2">기술검토
(AC : Acceptable,
MC : Minor Comment,
RR : Revision Required)</th></tr>
<tr><th colspan="5">내 용</th><th>관련
설계
도서</th></tr>
<tr><td rowspan="19">제진
장치
해석
모델</td><td colspan="2"></td><td>1F~2F</td><td>3F~6F</td><td></td><td></td><td></td><td rowspan="19">구조
계산서
(36~
40 페
이지)</td><td>■ AC □ MC □ RR</td></tr>
<tr><td colspan="2">종류(체크)</td><td>강재이력형
제진장치</td><td>강재이력형
제진장치</td><td></td><td></td><td></td><td rowspan="2">Comments : 구조물의 강성 및 질량 배치에 따른 지진력저항시스템의 거동과 고유치 해석 자료를 바탕으로 제진장치를 효과적으로 배치할 것을 요구한 1차 기술검토 의견이 반영되었음을 확인함.</td></tr>
<tr><td colspan="2">이력모델</td><td>탄소성
이력곡선</td><td>탄소성
이력곡선</td><td></td><td></td><td></td></tr>
<tr><td rowspan="4">탄성
강성[1]</td><td rowspan="2">축 강성</td><td>215.5
kN/mm</td><td>291.2
kN/mm</td><td></td><td></td><td></td><td>■ AC □ MC □ RR</td></tr>
<tr><td>ε : 0%</td><td>ε : 0%</td><td></td><td></td><td></td><td rowspan="3">Comments : 연결재의 강성과 항복강도가 해석모델에 반영되었음을 확인함.</td></tr>
<tr><td>전단강성</td><td colspan="5" rowspan="2">–</td></tr>
<tr><td>휨 강성</td></tr>
<tr><td rowspan="4">항복
강도</td><td rowspan="2">축 방향</td><td>408.8 kN</td><td>181.5 kN</td><td></td><td></td><td></td><td>■ AC □ MC □ RR</td></tr>
<tr><td>ε : 0%</td><td>ε : 0%</td><td></td><td></td><td></td><td rowspan="3">Comments :</td></tr>
<tr><td>전단
방향</td><td colspan="5" rowspan="2">–</td></tr>
<tr><td>휨</td></tr>
<tr><td rowspan="4">항복
후
강성</td><td rowspan="2">축 방향</td><td>0.01</td><td>0.01</td><td></td><td></td><td></td><td>■ AC □ MC □ RR</td></tr>
<tr><td>ε : 2%</td><td>ε : 2%</td><td></td><td></td><td></td><td rowspan="3">Comments :</td></tr>
<tr><td>전단
방향</td><td colspan="5" rowspan="2">–</td></tr>
<tr><td>휨</td></tr>
<tr><td rowspan="4">허용
최대
연성비</td><td rowspan="2">축 방향</td><td>25</td><td>76</td><td></td><td></td><td></td><td>■ AC □ MC □ RR</td></tr>
<tr><td>ε : 2%</td><td>ε : 2%</td><td></td><td></td><td></td><td rowspan="3">Comments :</td></tr>
<tr><td>전단
방향</td><td colspan="5" rowspan="2">–</td></tr>
<tr><td>휨</td></tr>
</table>

항 목		설계 자료						기술검토 (AC : Acceptable, MC : Minor Comment, RR : Revision Required)
		내 용					관련 설계 도서	
실험 결과	시제품실험체와의 유사성	■ : 유사함 □ : 실험예정	■ : 유사함 □ : 실험예정				실험 결과 보고서 참조	■ AC □ MC □ RR Comments :
실험 결과	시제품실험체와의 가력속도	■ : 정적 □ : 유사정적 ■ : 동적	■ : 정적 □ : 유사정적 ■ : 동적				실험 결과 보고서 참조	
실험 결과	DBE[2]레벨의 반복가력횟수	10	10				실험 결과 보고서 참조	
실험 결과	MCE[3]레벨의 반복가력횟수	4	4				실험 결과 보고서 참조	
실험 결과	미진동에 대한 실험 여부	□ : 실시함 □ : 실험예정 ■ : 불필요	□ : 실시함 □ : 실험예정 ■ : 불필요				실험 결과 보고서 참조	
실험 결과	제품실험에 실시 여부	□ : 실시함 ■ : 실험예정 □ : 불필요	□ : 실시함 ■ : 실험예정 □ : 불필요				실험 결과 보고서 참조	■ AC □ MC □ RR Comments :
실험 결과	제품실험의 횟수	□ : 5% 이내 □ : 10% 이내 ■ : 1 개	□ : 5% 이내 □ : 10% 이내 ■ : 1 개				실험 결과 보고서 참조	■ AC □ MC □ RR Comments : 다른 종류의 제진장치에 대한 별도의 제품실험계획이 타당함을 확인함.
실험 결과	품질관리계획	첨부 품질관리지침 및 제품실험횟수 참조						■ AC □ MC □ RR Comments :
실험 결과	지진 발생 후 보수보강계획	품질관리지침 침 시공지침서 참조						■ AC □ MC □ RR Comments :
실험 결과	시공 순서 및 주의사항	시공지침서 참조						■ AC □ MC □ RR Comments :

Note :

1) 해석에서 연결재와 제진장치를 하나의 이력모델로 한 경우에는 연결재와 제진장치의 상관관계를 고려한 탄성강성값을 기입할 것.
2) DBE(Design-Based Earthquake)는 설계지반운동으로 50년에 10% 발생 확률의 지진강도를 의미함.
3) MCE(Maximum Considered Earthquake)는 설계지반운동으로 50년에 2% 발생 확률의 지진강도를 의미함.

ε : 해석에 사용된 값과 시제품실험 결과와의 오차로 (해석에 사용된 값-실험결과)/실험결과×100으로 계산할 것.

표 0401.15 해석결과에 대한 2차 체크리스트

항 목		설계 자료: 내 용	관련 설계 도서	기술검토 (AC : Acceptable, MC : Minor Comment, RR : Revision Required)
구조물 레벨의 해석결과	최대 응답값[1)]	(아래 표 참조)		□ AC ■ MC □ RR Comments : 층간 변형각에 대해 만족할 만한 해석결과를 확인함. 하지만 제진장치의 효율을 판단하기 위하여 에너지 소산량에 대한 해석결과를 추가할 것을 요청하나, 사용한 해석 프로그램에서 에너지 소산량을 출력하기 힘든 경우 무시할 수 있음.
	층별 최대응답 분포	(아래 표 참조)		
지진력저항 시스템의 부재별 해석결과[1)]		(아래 표 참조)		■ AC □ MC □ RR Comments :
제진 장치에 대한 해석 결과		(아래 표 참조)		■ AC □ MC □ RR Comments : 제진장치의 보유성능이 요구성능을 상회함을 확인함.

구조물 레벨의 해석결과 – 최대 응답값[1)]

항목		DBE 레벨			MCE 레벨			
최대층간 변형각		0.63% @ 3층			0.95% @ 3층			
최대층 속도		N.A.						
최대층 가속도		N.A.						

에너지 소산량	E_I	E_f	E_V	E_h
DBE 레벨	–	–	–	–
MCE 레벨	–	–	–	–

구조물 레벨의 해석결과 – 층별 최대응답 분포

최대 층간 변형각 (DBE 레벨)

층별 층간변형각

Story	GL	1	2	3	4	5
EL-Centro	0.0021	0.0022	0.0046	0.0058	0.0051	0.0035
Hachin-EW	0.0027	0.0043	0.0070	0.0095	0.0088	0.0043
Taft EW	0.0017	0.0023	0.0028	0.0028	0.0039	0.0033
Art-01	0.0027	0.0037	0.0065	0.0078	0.0065	0.0037
Art-02	0.0024	0.0035	0.0055	0.0066	0.0055	0.0035
Art-03	0.0026	0.0029	0.0046	0.0063	0.0065	0.0039
Art-04	0.0024	0.0035	0.0056	0.0066	0.0056	0.0035
Average	0.0024	0.0033	0.0052	0.0063	0.0060	0.0037

에너지 소산량	DBE 레벨				MCE 레벨			
	E_I	E_f	E_V	E_h	E_I	E_f	E_V	E_h
	–	–	–	–	–	–	–	–

지진력저항 시스템의 부재별 해석결과[1)]

	기둥[2)]	벽체[2)]	보[2)]	접합부[2)]	슬래브[2)]
$\overline{\mu}/\mu_{MAX}$	탄성	–	탄성	탄성	–
$\overline{F}/F_{MAX}$	탄성	–	탄성	탄성	–

제진 장치에 대한 해석 결과

최대 변위	1F~2F DBE 레벨	1F~2F MCE 레벨	3F~6F DBE 레벨	3F~6F MCE 레벨
$\overline{\mu_V}/\mu_{V,MAX}$	0.17	0.33	0.15	0.31
$\overline{\nabla_V}/\nabla_{V,MAX}$	N.A.			
$\overline{F_V}/F_{V,MAX}$	1.0	1.0	1.0	1.0

표 0401.16 기술검토 2차 종합의견서

항 목	기술검토의 종합의견 (AC : Acceptable, MC : Minor Comment, RR : Revision Required)
일반사항	■ AC □ MC □ RR Comments : 1차 제진구조설계 기술검토 의견을 적절히 반영한 것으로 판단됨.
설계하중	■ AC □ MC □ RR Comments : 1차 제진구조설계 기술검토 의견을 적절히 반영한 것으로 판단됨.
지진력저항 시스템의 동특성	■ AC □ MC □ RR Comments : 1차 제진구조설계 기술검토 의견을 적절히 반영한 것으로 판단됨.
지진력저항 시스템의 해석모델	■ AC □ MC □ RR Comments : 1차 제진구조설계 기술검토 의견을 적절히 반영한 것으로 판단됨.
제진장치의 해석모델과 실험결과 및 적용	■ AC □ MC □ RR Comments : 1차 제진구조설계 기술검토 의견을 적절히 반영한 것으로 판단됨.
제진구조물 해석결과	□ AC ■ MC □ RR Comments : 해석결과가 적절히 정리되었으며, 지진력저항시스템과 제진장치의 보유성능이 요구성능을 상회함을 확인함. 하지만 에너지 소산에 대한 해석결과 정리가 필요하고, 비구조체의 손상 정도를 예측하기 위하여 최대가속도에 대한 결과를 첨부할 것을 권고함.
종합의견	■ AC □ MC □ RR Comments : 에너지 소산에 대한 해석결과와 최대가속도에 대한 해석결과가 필요하나, 제진구조설계가 적절히 이루어졌음을 확인하였으며, 적절한 해석 프로그램과 해석모델을 사용하여 대상 구조물의 내진성능을 평가한 것으로 판단됨.

0402 내진보강을 위해 제진장치를 사용한 기존 구조물의 기술검토

0402.1 대상 구조물

대상 구조물은 1980년대 이전에 지어진 5층 규모의 철근콘크리트조 학교건물로서 그림 0402.1에 내진보강 대상 구조물의 기준층 구조평면도를 도시하였다. 구조설계자는 우선 대상 건물이 KBC 2009에서 요구하는 내진성능을 만족하는지 여부를 현장조사와 함께 구조부재의 단면 크기 등을 바탕으로 1차 내진성능을 평가하였으며, 그 결과 대상 구조물의 단면방향으로는 교실과 교실 사이에 존재하는 조적벽에 대한 비교적 간단한 보강만으로 내진성능을 확보할 수 있다고 판단한 반면, 장변방향은 내진성능이 현저히 떨어져 전면적인 내진보강이 필요한 것으로 나타났다. 장변방향의 내진성능을 향상시키기 위하여 우선 탄소섬유시트 및 철판을 이용한 내진보강안에 대하여 검토를 한 결과 열화현상, 철근배근량 부족과 철근 상세가 조잡하여 변형능력이 거의 없는 것으로 판단되어 장변방향의 거의 모든 구조부재를 대상으로 탄소섬유와 강판보강을 해야 하는 것으로 나타났다.

이와 같은 전통적인 방식에 의한 강도 및 강성 보강을 전제로 지진력저항시스템의 반응수정계수를 3.0으로 사용할 수 있으며, 전체 지진하중의 75% 이상에 대해 저항력을 확보했다고 판단하였다. 학교건물의 특성상 방학 중 두 달 동안 내진보강공사가 완료되어야 한다는 공사기간 측면에서의 제한조건과 탄소섬유와 강판을 이용한 대규모 보강에 따른 경제적인 제한조건을 고려할 때, 건식공법이면서 공기를 최대한 줄일 수 있는 제진장치를 이용한 기존 구조물의 내진성능 향상 방안이 해결책으로 제시되었다.

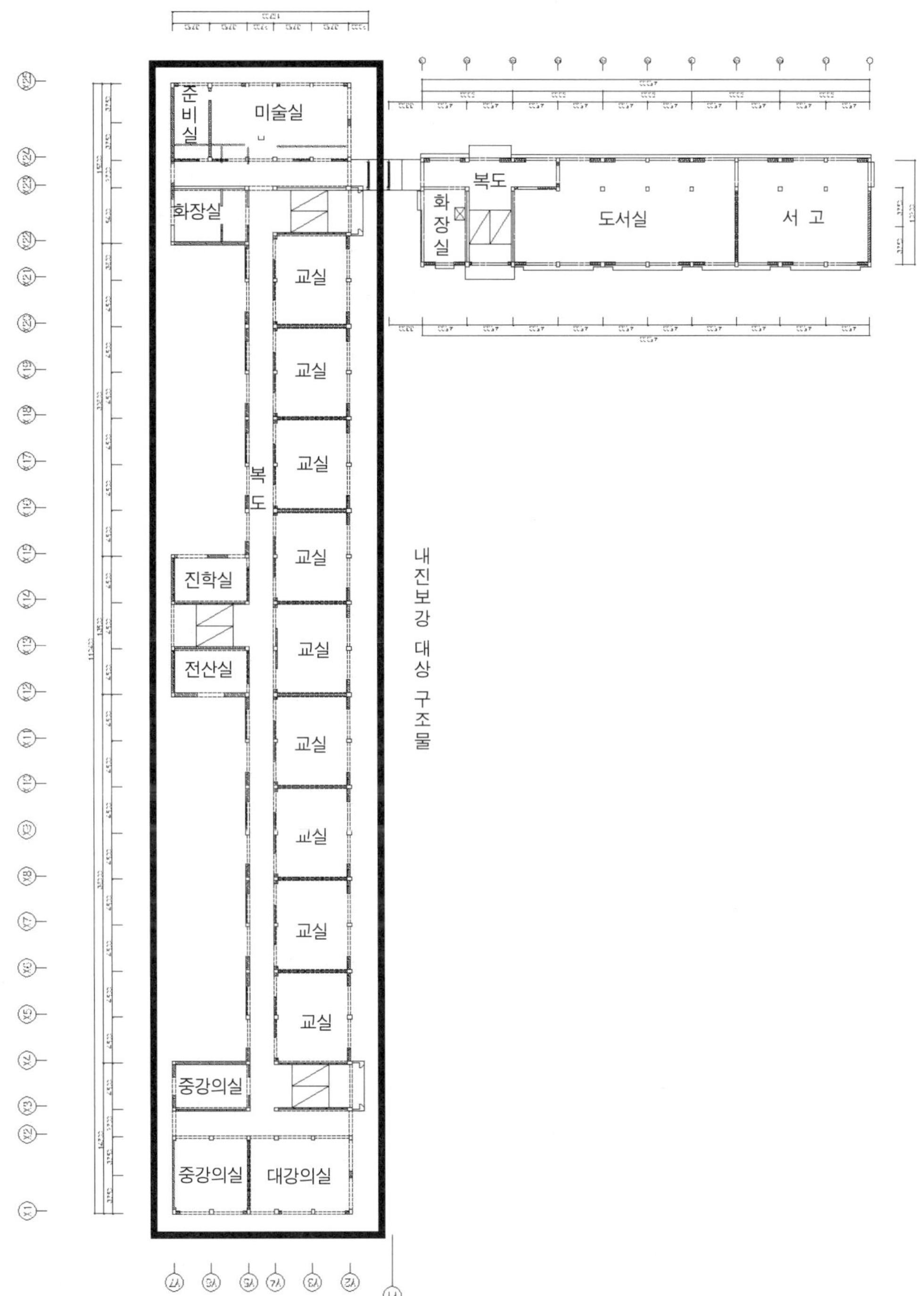

그림 0402.1 대상 구조물의 기준층 구조평면도

0402.2 기존 구조물 내진성능 향상을 위한 제진구조설계 1차 기술검토

구조설계자는 기존 건물의 내진보강이라는 특수성, 제진장치의 효율적인 사용과 비선형 시간이력해석을 통해 향상된 내진성능을 검증을 하기 위하여 그림 0402.2와 같이 내진보강을 위한 구조설계와 기술검토를 병행하기로 결정하였다. 이를 위하여 구조설계자는 표 0402.1과 같이 1, 2, 3층에 내진보강이 필요하다는 내진성능평가 결과와 1차 내진보강안(표 0402.2~표 0402.5 참조)을 기술검토를 위하여 제출하였다. 구조설계자는 기존의 철근콘크리트구조를 지진력저항시스템으로 간주하였으며, 0401절에서와 같은 대각가새형태의 강재이력형 제진장치를 사용하여 지진력저항시스템의 내진성능을 향상하고자 하였다.

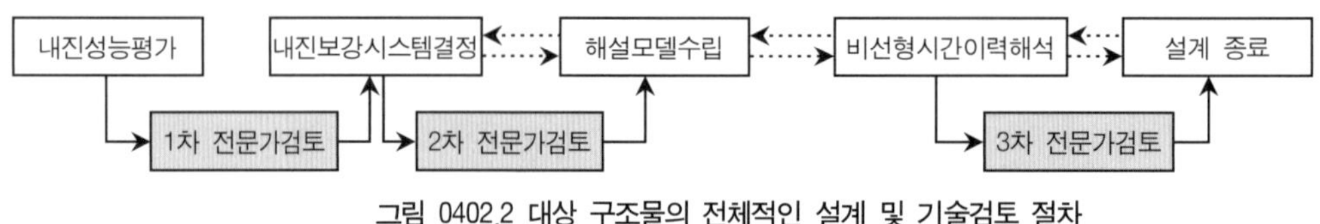

그림 0402.2 대상 구조물의 전체적인 설계 및 기술검토 절차

표 0402.1 기존 구조물의 내진성능평가 결과

방향	층	C	F	E_0	S_D	T	Is	판정
X	5	0.85	1.0	0.51	1.0	1.0	0.51	보강 필요 없음
	4	0.50	1.0	0.33	1.0	1.0	0.33	보강 필요 없음
	3	0.38	1.0	0.28	1.0	1.0	0.28	보강 필요
	2	0.33	1.0	0.28	1.0	1.0	0.28	보강 필요
	1	0.27	1.0	0.27	1.0	1.0	0.27	보강 필요
Y	5	2.68	1.0	1.61	1.0	1.0	1.61	보강 필요 없음
	4	1.34	1.0	0.89	1.0	1.0	0.89	보강 필요 없음
	3	0.92	1.0	0.69	1.0	1.0	0.69	보강 필요 없음
	2	0.69	1.0	0.59	1.0	1.0	0.59	보강 필요 없음
	1	0.58	1.0	0.58	1.0	1.0	0.58	보강 필요 없음

표 0402.2 제진구조물 일반사항 1차 체크리스트

항 목		설계 자료		기술검토 (AC : Acceptable, MC : Minor Comment, RR : Revision Required)	
		내 용	관련 설계도서		
개요	위치	○○시 ○○구 ○○동	N.A.	■ AC □ MC □ RR	
	이름	○○학교	N.A.	■ AC □ MC □ RR	
	용도	학교건물(내진보강)	N.A.	■ AC □ MC □ RR	
	규모	지상 5층	구조계산서 (1-1페이지)	■ AC □ MC □ RR	
	하중 기준	KBC 2009 등	구조계산서 (3-1페이지)	■ AC □ MC □ RR	
	구조 형식	철근콘크리트골조 +강재이력형 제진장치	구조계산서 (1-1페이지), 구조계산서 (4-111페이지)	■ AC □ MC □ RR	
구조재료	콘크리트	$f_{ck}=18$MPa (현장조사 값)	구조계산서 (2-14의 현장조사 결과와 4-4페이지)	■ AC □ MC □ RR	슈미트해머 테스트를 통한 현장조사 결과가 신빙성 있는 것으로 판단됨.
	철근	$f_y=240$MPa	구조계산서 (4-4페이지)	■ AC □ MC □ RR	철근배근조사 등 현장조사 결과가 신빙성 있는 것으로 판단됨.
	철골	-	N.A.	■ AC □ MC □ RR	
도면	평면도	골조 평면도	구조계산서 (부록 참조)	■ AC □ MC □ RR	
	입면도	골조 입면도	구조계산서 (부록 참조)	■ AC □ MC □ RR	
	단면도	골조 단면도	구조계산서 (부록 참조)	■ AC □ MC □ RR	
	제진 장치	1층, 2층 제진장치 배치도		□ AC □ MC ■ RR	제진장치 배치계획은 제출되었으나 시스템 결정단계이므로 연결부 도면은 제출되지 않음. 향후 이에 대한 후속조치가 요구됨. 3층은 탄소섬유와 강판만으로 내진보강이 부족할 것으로 판단되므로 보다 면밀한 경제성 분석이 요구됨.
		3층, 4층, 5층은 탄소섬유와 강판 보강도			

표 0402.3 제진구조물 설계하중 1차 체크리스트

항 목		설계 자료		기술검토 (AC : Acceptable, MC : Minor Comment, RR : Revision Required)	
		내 용	관련 설계도서		
중력하중	고정하중	2층~5층 : 14870 kN, 지붕층 : 11897 kN 유효지진중량 : 71382 kN=1.0×고정하중	구조계산서 (4-102 페이지)	■ AC □ MC □ RR	
	활하중	유효지진중량 : 0 kN=0.0×활하중	구조계산서 (4-102 페이지)	■ AC □ MC □ RR	
풍하중	설계 기본풍속	$v = 40\,\mathrm{m/sec}$	구조계산서 (3-4 페이지)	■ AC □ MC □ RR	
	설계 밑면 전단력	$V = 2422\,\mathrm{kN}$	구조계산서 (3-12 페이지)	■ AC □ MC □ RR	
	풍하중을 포함한 조합하중에 의한 부재력	-	구조계산서 (3-20 페이지)	■ AC □ MC □ RR	
지진하중	내진등급	I	구조계산서 (3-4 페이지)	■ AC □ MC □ RR	지진력저항시스템에 대한 내용을 확인함
	지역계수	$S = 0.18$		■ AC □ MC □ RR	
	지반종류	S_C		■ AC □ MC □ RR	
	지반증폭 계수	$F_a = 1.36$, $F_v = 1.96$		■ AC □ MC □ RR	
	설계 스펙트럼 가속도	$S_{DS} = 0.36$, $S_{D1} = 0.1944$		■ AC □ MC □ RR	
	내진설계 범주(체크)	C		■ AC □ MC □ RR	

ASCE 7-05에서는 댐퍼를 포함한 제진 시스템(Damping System, DS)과 제진 시스템을 제외한 지진하중 저항시스템(Seismic Force-Resisting System, SFRS)을 분리하여 설계할 수 있도록 하고 있다. 따라서 다음과 같은 순서로 제진 시스템을 적용한 횡력저항 시스템의 지진하중을 구하고, 층간변위 검토를 통해 구조체의 안정성을 검토한다.

■ X방향 횡력 지지 시스템

1. Seismic Design Parameters

Effective Ground Acceleration (S)	0.18	Importance Factor (I_E)	1.20
Soil classification	SC	Response Modification Coefficient (R)	3.00
Design Spectral Acceleration Parameter at Short period (S_{DS})	0.350	OverStrength Factor (Ω_0)	3.00
Design Spectral Acceleration Parameter at 1's period (S_{D1})	0.190	Deflection Amplification (C_d)	2.50
S_{D1} / S_{DS} (T_S)	0.543 sec	Weght of the building (W)	71,381.51 kN
Factor for calculating structural period (C_t)	0.074	Height of the building (H_n)	19.80 m

2. Calculation of Structural period (T)

○ Approximate structural period (T_a) = 0.697 sec
○ Calculated structural period (T_{cal}) = 0.884 sec (obtaining from eigen value analysis)
○ Upper bound for structural period (T_u) = 1.061 sec (Cu = 1.52)
○ **Structural period (T) = 1.061 sec**

3. Calculation of Seismic response coefficent (C_s)

○ Upper limit of seismic response coefficent ($C_{s,u}$) = 0.140
○ Lower limit of seismic response coefficent ($C_{s,l}$) = 0.018
○ **Seismic response coefficent (C_s) = 0.072**

4. Calculation of Base Shear (V)

○ Base Shear (V_s) = 5,114.83 kN
○ Base Shear obtained from RS analysis (V_{RS}) = 9,984.00 kN
○ **Target Base Shear of Damping System (V_t) = 3,580.38 kN**
30% 감소

항 목		설계 자료			기술검토 (AC : Acceptable, MC : Minor Comment, RR : Revision Required)	
		내 용		관련 설계도서		
지진하중	지진력 저항 시스템의 설계계수	$R = 3.0$ $\Omega_o = 3.0$ $C_d = 2.50$ $I = 1.2$			■ AC □ MC □ RR	
	제진 시스템을 제외한 골조의 높이제한	해당 없음		N.A.	■ AC □ MC □ RR	
	비정형성	평면 비정형성 유형	–	N.A.	■ AC □ MC □ RR	
		수직 비정형성유형	–			

표 0402.4 지진력저항시스템의 동특성에 대한 1차 체크리스트

항 목			설계 자료						기술검토 (AC : Acceptable, MC : Minor Comment, RR : Revision Required)	
			내 용					관련 설계도서		
동특성[1]	X 방향	모드	1차 모드	2차 모드	3차 모드	4차 모드	5차 모드		■ AC □ MC □ RR	고유치 해석을 수행한 결과를 확인함. 1차 모드와 2차 모드의 모든 중량의 합이 전체 중량의 90% 이상을 차지함을 확인함.
		주기	0.88 sec	0.30 sec	–	–	–	구조계산서 (6페이지)		
		모드 형상 / 가속도 계수[2] / 모드 중량 / 모드 참여 계수	(아래 표 참조)							

Floor	ω_i	Φ_{i1}	$\omega_i\Phi_{i1}$	$\omega_i\Phi_{i1}^2$	Φ_{i2}	$\omega_i\Phi_{i2}$	$\omega_i\Phi_{i2}^2$	Φ_{i3}	$\omega_i\Phi_{i3}$	$\omega_i\Phi_{i3}^2$	Φ_{i4}	$\omega_i\Phi_{i4}$	$\omega_i\Phi_{i4}^2$
ROOF	334	1.00	334	334	1.00	334	334	1.00	334	334	1.00	334	334
5	9,489	0.94	8,933	8,410	0.53	5,076	2,715	0.04	347	13	-0.20	-1,881	373
4	15,394	0.87	13,421	11,700	0.21	3,275	697	-0.05	-711	33	0.03	459	14
3	15,405	0.72	11,088	7,981	-0.26	-4,000	1,039	-0.04	-663	29	0.18	2,732	484
2	15,474	0.49	7,652	3,784	-0.51	-7,955	4,090	0.03	518	17	-0.04	-686	30
1	15,285	0.22	3,387	751	-0.34	-5,244	1,799	0.05	811	43	-0.18	-2,684	471
sum	71,382		44,815	32,959		-8,514	10,673		636	468		-1,726	1,706
ω_m		60,936.1		85.4%	6,792.1		9.5%	864.0		1.2%	1,746.6		2.4%
Γ_m		1.360			0.798			1.359			1.012		

Note :

1) 모드중량의 누적합계가 구조물 전체 지진중량의 90% 이상이 될 때까지의 모든 모드에 대해 기술하며, 제진장치가 탄성강성을 가지고 있는 경우 이를 고려한 고유치 해석을 통한 결과를 나열할 것.

2) 가속도 계수는 KBC 기준에 나오는 CmS값으로 해당 모드의 주기에 대한 설계가속도 스펙트럼계수 값임.

표 0402.5 제진장치의 해석모델 및 실험결과에 대한 1차 체크리스트

<table>
<tr><th colspan="3" rowspan="2">항 목</th><th colspan="2">설계 자료</th><th rowspan="2">기술검토
(AC : Acceptable,
MC : Minor Comment,
RR : Revision Required)</th></tr>
<tr><th>내 용</th><th>관련 설계도서</th></tr>
<tr><td rowspan="11">제진
장치
해석
모델</td><td colspan="2"></td><td>1F ~ 2F</td><td rowspan="11">구조계산서
(4-114페이지)</td><td>□ AC □ MC ■ RR</td></tr>
<tr><td colspan="2">종류(체크)</td><td>강재이력형 제진장치</td><td rowspan="10">Comments : 대각가새형태의 강재이력형 제진장치가 학교건물 외벽에 부착되어 창문과의 간섭이 발생할 뿐만 아니라 조망에 관한 문제와 외관상 문제의 소지가 있으므로, 창문조망을 충분히 확보할 수 있는 다른 형태의 제진장치를 선택할 필요가 있음.</td></tr>
<tr><td colspan="2">이력모델</td><td>탄소성 이력곡선</td></tr>
<tr><td rowspan="2">탄성
강성[1]</td><td rowspan="2">축강성</td><td>215.5 kN/mm</td></tr>
<tr><td>ε : 0%</td></tr>
<tr><td rowspan="2">항복
강도</td><td rowspan="2">축방향</td><td>408.8 kN</td></tr>
<tr><td>ε : 0%</td></tr>
<tr><td rowspan="2">항복 후
강성</td><td rowspan="2">축방향</td><td>0.01</td></tr>
<tr><td>ε : 2%</td></tr>
<tr><td rowspan="2">허용
최대연
성비</td><td rowspan="2">축방향</td><td>25</td></tr>
<tr><td>ε : 2%</td></tr>
<tr><td rowspan="10">실험
결과</td><td colspan="2">시제품실험체
와의 유사성</td><td>■ : 유사함
□ : 실험예정</td><td rowspan="7">실험결과보고서 참조</td><td>■ AC □ MC □ RR</td></tr>
<tr><td colspan="2">시제품실험체
와의 가력속도</td><td>■ : 정적 □ : 유사정적
■ : 동적</td><td rowspan="9">Comments : 제품실험체와의 유사성과 다양한 실험에 대한 증빙자료를 확인함.</td></tr>
<tr><td colspan="2">DBE[2]레벨의
반복가력횟수</td><td>10</td></tr>
<tr><td colspan="2">MCE[3]레벨의
반복가력횟수</td><td>4</td></tr>
<tr><td colspan="2">미진동에 대한
실험 여부</td><td>□ : 실시함 □ : 실험예정
■ : 불필요</td></tr>
<tr><td colspan="2">제품실험에
실시 여부</td><td>□ : 실시함 ■ : 실험예정
□ : 불필요</td></tr>
<tr><td colspan="2">제품실험의
횟수</td><td>□ : 5% 이내
□ : 10% 이내 ■ : 1 개</td></tr>
<tr><td colspan="2">품질관리계획</td><td colspan="2">첨부 품질관리지침과 제품실험횟수 참조</td></tr>
<tr><td colspan="2">지진발생 후
보수보강계획</td><td colspan="2">품질관리지침과 시공지침서 참조</td></tr>
<tr><td colspan="2">시공순서 및
주의사항</td><td colspan="2">시공지침서 참조</td></tr>
</table>

Note :
1) 해석에서 연결재와 제진장치를 하나의 이력모델로 한 경우에는 연결재와 제진장치의 상관관계를 고려한 탄성강성값을 기입할 것.
2) DBE(Design-Based Earthquake)는 설계지반운동으로 50년에 10% 발생 확률의 지진강도를 의미함.
3) MCE(Maximum Considered Earthquake)는 설계지반운동으로 50년에 2% 발생 확률의 지진강도를 의미함.
ε : 해석에 사용된 값과 시제품실험 결과와의 오차로 (해석에 사용된 값-실험결과)/실험결과×100으로 계산할 것

0402.3 기존 구조물 내진성능 향상을 위한 제진구조설계 2차 기술검토

1차 기술검토에서 내진보강이 필요한 3층에도 제진장치를 도입하여 내진성능을 향상시킬 것과 창문과의 간섭과 조망권에 영향을 줄 수 있는 제진장치 설치상의 문제가 지적되었다. 구조설계자는 이를 반영하여 그림 0402.3과 같은 창문 타입의 강재이력 댐퍼를 사용하고 3층에도 설치개소를 줄여 같은 종류의 제진장치를 설치하기로 하였으며, 제진장치의 치수와 성능을 그림 0402.3에 자세히 기입하였다.

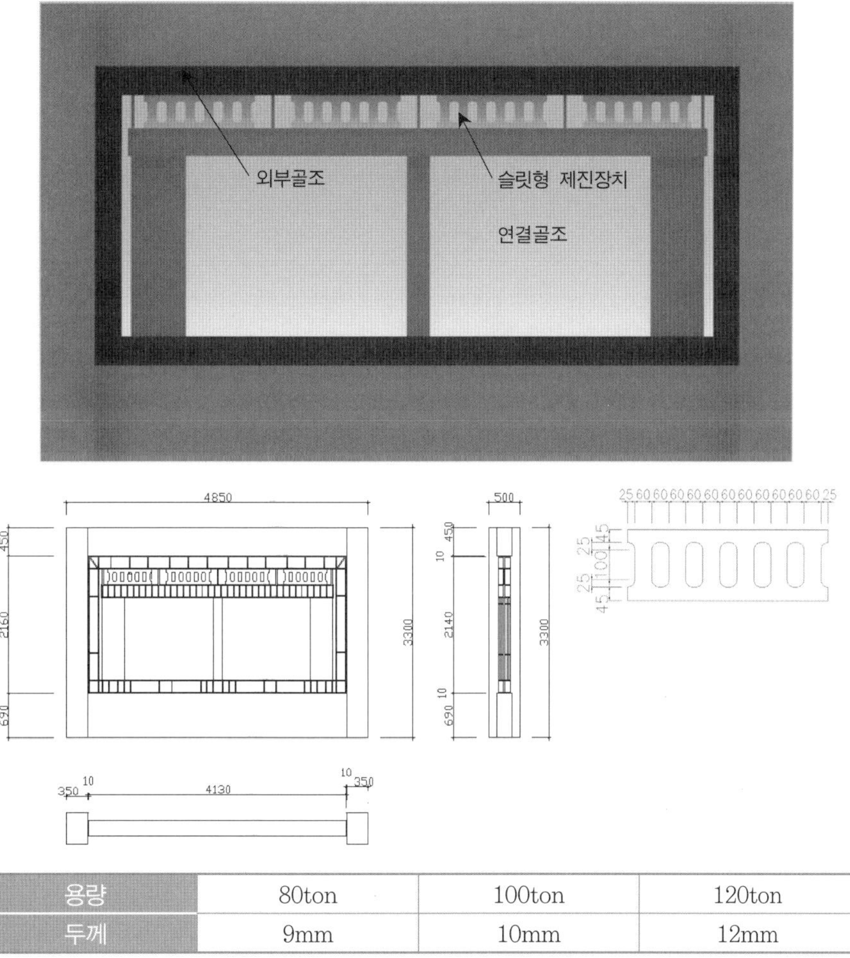

용량	80ton	100ton	120ton
두께	9mm	10mm	12mm

그림 0402.3 슬릿 강판을 이용한 창문 타입 강재이력형 제진장치와 제원

본 대상 구조물의 내진성능 향상을 위하여 사용된 창문 타입 강재이력형 제진장치는 외곽을 둘러싸고 있는 외부골조와 슬릿 강판을 이용한 제진장치 그리고 제진장치와 외부골조의 하부 보를 연결하면서 창문과의 간섭을 최소화하고 조망권을 확보할 수 있는 연결골조로 구성되어 1차 기술검토 의견을 반영할 수 있는 제진장치이다. 따라서 제진장치 작동 시 외부골조와 제진장치의 간섭이 발생하지 않도록 충분한 이격이 존재해야 하며, 제진장치에 소성변형이 집중될 수 있도록 연결골조의 강성과 내력은 충분히 커야 한다.

구조설계자는 1차 기술검토 의견에 대한 반영사항과 해석모델 수립에 기술검토 체크리스트를 작성하여 2차 기술검토를 위하여 표 0402.6~표 0402.8을 제출하였다.

표 0402.6 제진구조물 일반사항 2차 체크리스트

항 목		설계 자료		기술검토 (AC : Acceptable, MC : Minor Comment, RR : Revision Required)	
		내 용	관련 설계도서		
개요	위치	○○시 ○○구 ○○동	N.A.	■ AC □ MC □ RR	
	이름	○○학교	N.A.	■ AC □ MC □ RR	
	용도	학교건물(내진보강)	N.A.	■ AC □ MC □ RR	
	규모	지상 5층	구조계산서 (1-1페이지)	■ AC □ MC □ RR	
	하중 기준	KBC 2009 등	구조계산서 (3-1페이지)	■ AC □ MC □ RR	
	구조 형식	철근콘크리트골조+ 강재이력형 제진장치	구조계산서 (1-1페이지), 구조계산서 (4-111페이지)	■ AC □ MC □ RR	
구조 재료	콘크리트	$f_{ck}=18\,\text{MPa}$(현장조사 값)	구조계산서 (2-14의 현장조사결과와 4-4페이지)	■ AC □ MC □ RR	
	철근	$f_y=240\,\text{MPa}$	구조계산서 (4-4페이지)	■ AC □ MC □ RR	
	철골	-	N.A.	■ AC □ MC □ RR	
도면	평면도	골조 평면도	구조계산서 (부록 참조)	■ AC □ MC □ RR	
	입면도	골조 입면도	구조계산서 (부록 참조)	■ AC □ MC □ RR	
	단면도	골조 단면도	구조계산서 (부록 참조)	■ AC □ MC □ RR	
	제진 장치	1층, 2층 제진장치 배치도 3층 제진장치 배치도		■ AC □ MC □ RR	1차 기술검토 의견이 적절히 반영됨을 확인함.

표 0402.7 제진장치의 해석모델 및 실험결과에 대한 2차 체크리스트

항 목			설계 자료: 내 용			설계 자료: 관련 설계도서	기술검토 (AC : Acceptable, MC : Minor Comment, RR : Revision Required)
제진장치 해석모델			1F	2F	3F	구조계산서 (4-114페이지)	□ AC ■ MC □ RR Comments : 1차 기술검토 의견이 적절히 반영됨을 확인함. 단, 연결골조의 해석모델을 명확하게 하고 슬릿강판을 이용한 제진장치가 작동하는 동안 연결골조와 외부골조의 항복 여부를 검토할 것.
	종류 (체크)		강재이력형 제진장치				
	이력모델		탄소성 이력곡선				
	탄성강성[1]	축강성 kN/mm	182	145	219		
			ε : 0%	ε : 0%	ε : 0%		
	항복강도	축방향 kN	1,000	800	1,200		
			ε : 0%	ε : 0%	ε : 0%		
	항복 후 강성	축방향	0.01	0.01	0.01		
			ε : 2%	ε : 2%	ε : 2%		
	허용 최대 연성비	축방향	25	25	25		
			ε : 2%	ε : 2%	ε : 2%		
실험결과	시제품실험체와의 유사성		■ : 유사함 □ : 실험예정			실험결과보고서 참조	■ AC □ MC □ RR Comments :
	시제품실험체와의 가력속도		■ : 정적 □ : 유사정적 ■ : 동적				
	DBE[2]레벨의 반복가력횟수		20				
	MCE[3]레벨의 반복가력횟수		8				
	미진동에 대한 실험여부		□ : 실시함 □ : 실험예정 ■ : 불필요				
	제품실험에 실시 여부		□ : 실시함 ■ : 실험예정 □ : 불필요				
	제품실험의 횟수		□ : 5% 이내 □ : 10% 이내 ■ : 2개				
	품질관리계획		첨부 품질관리지침 및 제품실험횟수 참조				
	지진 발생 후 보수보강계획		품질관리지침 및 시공지침서 참조				
	시공 순서 및 주의사항		시공지침서 참조				

Note :

1) 해석에서 연결재와 제진장치를 하나의 이력모델로 한 경우에는 연결재와 제진장치의 상관관계를 고려한 탄성강성값을 기입할 것.
2) DBE(Design-Based Earthquake)는 설계지반운동으로 50년에 10% 발생 확률의 지진강도를 의미함.
3) MCE(Maximum Considered Earthquake)는 설계지반운동으로 50년에 2% 발생 확률의 지진강도를 의미함.

ε : 해석에 사용된 값과 시제품실험 결과와의 오차로 (해석에 사용된 값-실험결과)/실험결과×100으로 계산할 것.

표 0402.8 지진력저항시스템의 해석모델에 대한 2차 체크리스트

항 목	설계 자료 내 용	관련 설계 도서	기술검토 (AC : Acceptable, MC : Minor Comment, RR : Revision Required)
해석 기법[1] (체크)	□ : 등가정적법 □ : 응답 스펙트럼법 □ : 선형 시간이력해석법 ■ : 비선형 정적해석법 ■ : 비선형 동적해석법 해석기법선정의 근거(기준이나 참고문헌 제시) : KBC 2009, 0306.4.5	N.A.	■ AC □ MC □ RR Comments : 해석의 신뢰도 향상을 위해 비선형 정적해석을 추가로 실시한 것을 확인함.
해석에 사용한 프로그램	■ : 상용프로그램 / □ : In-House 프로그램 프로그램 이름: Perform-3D 검증문서 제출여부: □ : 제출 / □ : 미제출		■ AC □ MC □ RR Comments :
구조물 고유 감쇠모델 (체크)	□ : 일정 감쇠모델 / □ : 선형 변화감쇠모델 / ■ : Leigh 감쇠모델 감쇠비 : 모드 / 감쇠비 / 모드 / 감쇠비 0차 모드 / % / 1차 모드 / 5% 0차 모드 / % / 2차 모드 / 5%		■ AC □ MC □ RR Comments :
질량모델 (체크)	■ : Lumped mass model / □ : Diagonal mass model / □ : Consistent mass model		■ AC □ MC □ RR Comments :
P-Δ 효과 검토 어부 (체크)	■ : P-Δ 효과 비고려 □ : P-Δ효과 고려 □ : 프로그램에서 고려 / □ : 가상 기둥 설치		■ AC □ MC □ RR Comments :
지반에 대한 해석모델	■ : 고정단으로 고려 □ : 지반스프링 사용 □ : 지질보고서에 의한 강성과 감쇠 사용 / □ : 기타 방법		■ AC □ MC □ RR Comments :
지반 운동	□ : 지반운동을 해석에 고려하지 않음 ■ : 지반운동을 해석에 고려함 해석에 사용한 지반운동개수: 7 ×방향과 Y방향 동시 가력 시 비율: 1.0 :0.3 각 방향 모드 주기에 대한 평균가속도 스펙트럼: 모드 / X방향 / Y방향 1차 모드 / 0.62 / – 2차 모드 / 0.82 / – 3차 모드 / – / – 4차 모드 / – / – 5차 모드 / – / –		■ AC □ MC □ RR Comments : 사용한 3개의 역사 지진파와 4개의 인공지진파를 통하여 얻은 1차와 2차 모드 주기에 대한 가속도 스펙트럼값이 설계가속도 스펙트럼값보다 큼을 확인함.

항 목		설계 자료						기술검토 (AC : Acceptable, MC : Minor Comment, RR : Revision Required)
		내 용					관련 설계 도서	
부재별 이력거동		기둥	벽체	보	접합부[2)]	슬래브[2)]	구조계산서 (10~28 페이지)	■ AC □ MC □ RR Comments :
	이력 모델[3)]	Fiber	–	Fiber	–	–		
	탄성 강성	철근과 콘크리트의 재료 응력–변형도 곡선을 직접 입력함						■ AC □ MC □ RR Comments :
	F_Y	구조계산서(5장 참조)						■ AC □ MC □ RR Comments :
	α							
	μ_T							
	μ_{MAX}							
	F_{MAX}							
	강성 저감 고려 여부	고려	–	고려	–	–		■ AC □ MC □ RR Comments : 강성 저감을 고려한 해석모델이 수립됨을 확인함.
	강도 저감 고려 여부	고려	–	고려	–	–		■ AC □ MC □ RR Comments : 강도 저감을 고려한 해석모델이 수립됨을 확인함.

Note :

1) 수행한 모든 해석기법에 대해 체크할 것.

2) 지진력저항시스템에 대한 해석모델에 포함된 경우에만 기입할 것.

3) F_Y = 설계강도에 대한 항복강도비, α = 항복 후 강성비로서 항복 후 강성을 탄성강성으로 나눈 값,

μ_T = 최대내력 시의 연성도로서 최대내력 시 변위를 항복변위로 나눈 값

μ_{MAX} = 항복변위에 대한 허용최대변위의 비, F_{MAX} = 항복강도에 대한 허용최대변위에서의 최대내력의 비

0402.4 기존 구조물 내진성능 향상을 위한 제진구조설계 3차 기술검토

2차 기술검토에서는 슬릿형 제진장치 작동 시 제진장치의 연결골조와 외부골조가 항복여부를 확인할 것을 요청하였다. 이에 구조설계자는 제진장치 개발 당시 수행한 FEM(Finite Element Method) 해석결과(그림 0402.4)를 제출하였다. 그림에서 보는 바와 같이 슬릿형 제진장치가 항복을 시작하는 시점에서 외부골조와 연결골조가 국부적인 항복이 발생하지만 이후 대부분의 변위는 슬릿형 제진장치에 집중되고 외부골조와 연결골조에는 변형이 증가하지 않음을 알 수 있다. 이와 함께 구조설계자는 3차 기술검토를 위한 해석결과를 표 0402.9와 표 0402.10과 같이 제출하였고, 1차 및 2차를 포함한 기술검토 종합의견은 표 0402.11과 같다.

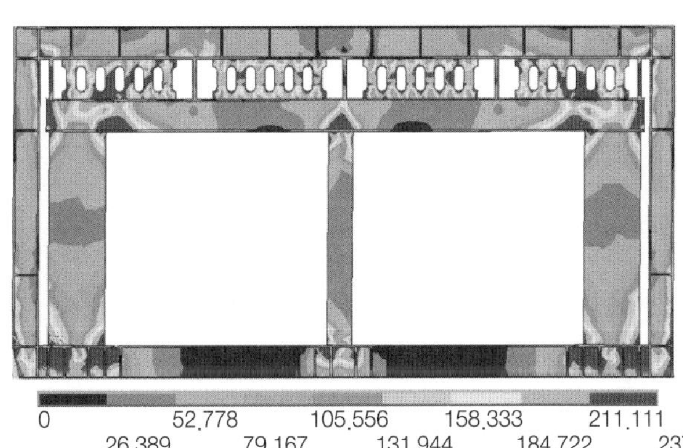

슬릿형 제진장치의 항복 시작 시점에의 응력분포

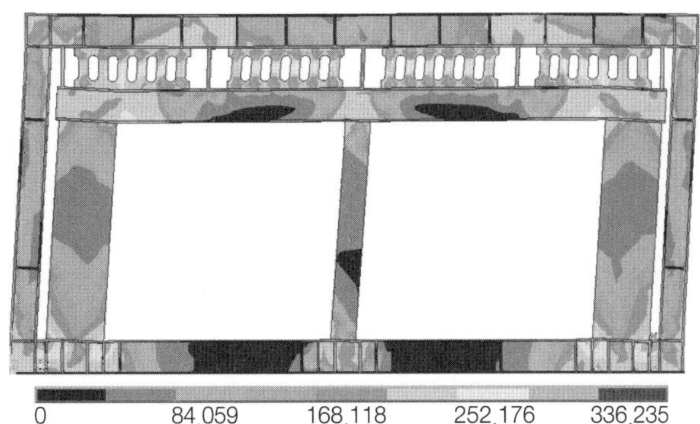

슬릿형 제진장치의 최대변위 도달 시 응력분포

그림 0402.4 창문 타입 강재이력형 제진장치의 단계별 응력분포

표 0402.9 제진장치의 해석모델 및 실험결과에 대한 3차 체크리스트

<table>
<tr><th colspan="3" rowspan="2">항 목</th><th colspan="4">설계 자료</th><th rowspan="2">기술검토
(AC : Acceptable,
MC : Minor Comment,
RR : Revision
Required)</th></tr>
<tr><th colspan="3">내 용</th><th>관련설계도서</th></tr>
<tr><td rowspan="11">제진
장치
해석
모델</td><td colspan="2"></td><td>1F</td><td>2F</td><td>3F</td><td rowspan="11">구조계산서
(4-114페이지)</td><td>■ AC □ MC □ RR</td></tr>
<tr><td colspan="2">종류(체크)</td><td colspan="3">강재이력형 제진장치</td><td rowspan="10">Comments : 슬릿형 강판 제진장치 항복시 외부골조와 연결골조의 항복 여부를 확인함.</td></tr>
<tr><td colspan="2">이력모델</td><td colspan="3">탄소성 이력곡선</td></tr>
<tr><td rowspan="2">탄성
강성[1]</td><td>축강성</td><td>182</td><td>145</td><td>219</td></tr>
<tr><td>kN/mm</td><td>ε : 0%</td><td>ε : 0%</td><td>ε : 0%</td></tr>
<tr><td rowspan="2">항복강도</td><td rowspan="2">축방향
kN</td><td>1,000</td><td>800</td><td>1,200</td></tr>
<tr><td>ε : 0%</td><td>ε : 0%</td><td>ε : 0%</td></tr>
<tr><td rowspan="2">항복 후
강성</td><td rowspan="2">축방향</td><td>0.01</td><td>0.01</td><td>0.01</td></tr>
<tr><td>ε : 2%</td><td>ε : 2%</td><td>ε : 2%</td></tr>
<tr><td rowspan="2">허용
최대연성비</td><td rowspan="2">축방향</td><td>25</td><td>25</td><td>25</td></tr>
<tr><td>ε : 2%</td><td>ε : 2%</td><td>ε : 2%</td></tr>
<tr><td rowspan="10">실험
결과</td><td colspan="2">시제품실험체와의
유사성</td><td colspan="3">■ : 유사함 □ : 실험예정</td><td rowspan="7">실험결과보고서 참조</td><td>■ AC □ MC □ RR</td></tr>
<tr><td colspan="2">시제품실험체와의
가력속도</td><td colspan="3">■ : 정적 □ : 유사정적
■ : 동적</td><td rowspan="9">Comments :</td></tr>
<tr><td colspan="2">DBE[2]레벨의
반복가력횟수</td><td colspan="3">20</td></tr>
<tr><td colspan="2">MCE[3]레벨의
반복가력횟수</td><td colspan="3">8</td></tr>
<tr><td colspan="2">미진동에 대한
실험 여부</td><td colspan="3">□ : 실시함 □ : 실험예정
■ : 불필요</td></tr>
<tr><td colspan="2">제품실험에
실시 여부</td><td colspan="3">□ : 실시함 ■ : 실험예정
□ : 불필요</td></tr>
<tr><td colspan="2">제품실험의 횟수</td><td colspan="3">□ : 5% 이내
□ : 10% 이내 ■ : 3 개</td></tr>
<tr><td colspan="2">품질관리계획</td><td colspan="4">첨부 품질관리지침과 제품실험횟수 참조</td></tr>
<tr><td colspan="2">지진발생 후
보수보강계획</td><td colspan="4">품질관리지침과 시공지침서 참조</td></tr>
<tr><td colspan="2">시공순서 및
주의사항</td><td colspan="4">시공지침서 참조</td></tr>
</table>

Note :

1) 해석에서 연결재와 제진장치를 하나의 이력모델로 한 경우에는 연결재와 제진장치의 상관관계를 고려한 탄성강성값을 기입할 것.

2) DBE(Design-Based Earthquake)는 설계지반운동으로 50년에 10% 발생 확률의 지진강도를 의미함.

3) MCE(Maximum Considered Earthquake)는 설계지반운동으로 50년에 2% 발생 확률의 지진강도를 의미함.

ε : 해석에 사용된 값과 시제품실험결과와의 오차로 (해석에 사용된 값-실험결과)/실험결과×100으로 계산할 것.

표 0402.10 해석결과에 대한 3차 체크리스트

항 목			설계 자료 내 용					관련 설계 도서	기술검토 (AC : ACceptable, MC : Minor Comment, RR : Revision Required)
구조물 레벨의 해석결과	최대 응답값[1]	최대 층간 변형각	DBE 레벨		MCE 레벨				□ AC ■ MC □ RR
			0.22% @ 5층		0.47% @ 5층				Comments : 층간 변형각과 가속도에 대해 만족할 만한 해석결과를 확인함. 하지만 제진장치의 효율을 판단하기 위하여 에너지 소산량에 대한 해석결과를 추가할 것을 요청하나, 사용한 해석 프로그램에서 에너지 소산량을 출력하기 힘든 경우 무시할 수 있음.
		최대층 속도	N.A.						
		최대층 가속도	DBE 레벨		MCE 레벨				
			0.54g @ 5층		1.23g @ 5층				
		에너지 소산량	DBE 레벨	E_I	E_f	E_V	E_h		
				–	–	–	–		
			MCE 레벨	E_I	E_f	E_V	E_h		
				–	–	–	–		
	층별 최대 응답분포	최대 층간 변형각	MCE 레벨 (아래 표)						
		에너지 소산량	(아래 표)						

최대 층간 변형각 – MCE 레벨

X방향 층간변형각 (%)

Story	EL-Centro	Taft	Hachin	Art-sc01	Art-sc02	Art-sc03	Art-sc04	Average
6F	0.40	0.39	0.35	0.49	0.53	0.61	0.55	0.47
5F	0.23	0.18	0.26	0.27	0.33	0.32	0.33	0.28
4F	0.42	0.32	0.42	0.41	0.49	0.47	0.50	0.43
3F	0.44	0.22	0.37	0.34	0.38	0.39	0.39	0.36
2F	0.48	0.20	0.32	0.44	0.33	0.33	0.35	0.35
1F	0.26	0.15	0.34	0.34	0.28	0.24	0.32	0.28

에너지 소산량

DBE 레벨				MCE 레벨			
E_I	E_f	E_V	E_h	E_I	E_f	E_V	E_h
–	–	–	–	–	–	–	–

지진력저항 시스템의 부재별 해석결과[1]		기둥[2]	벽체[2]	보[2]	접합부[2]	슬래브[2]	관련 설계 도서	기술검토
	$\overline{\mu}/\mu_{MAX}$	0.5	–	0.3	–	–		■ AC □ MC □ RR
	$\overline{F}/F_{MAX}$	0.71	–	0.92	–	–		Comments :

제진장치에 대한 해석결과			1F DBE 레벨	1F MCE 레벨	2F DBE 레벨	2F MCE 레벨	3F DBE 레벨	3F MCE 레벨	관련 설계 도서	기술검토
	최대 변위	$\overline{\mu_V}/\mu_{V,MAX}$	0.23	0.56	0.27	0.59	0.32	0.66		■ AC □ MC □ RR
		$\overline{\nabla_V}/\nabla_{V,MAX}$	N.A.							Comments : 제진장치의 보유성능이 요구성능을 상회함을 확인함.
		$\overline{F_V}/F_{V,MAX}$	1.0	1.0	1.0	1.0	1.0	1.0		

Note :

1) 지진파를 7개 미만을 사용한 경우 최대값으로 표시하고 7개 이상을 사용한 경우 평균값을 표시할 것.

2) 지진력저항시스템에 대한 해석결과에는 DBE 레벨에 대해서만 정리할 것.

E_I : 총지진입력에너지 평균값, E_f : 지반운동이 끝난 후 지진력저항시스템이 소산한 총에너지양,

E_V : 지반운동이 끝난 후 제진장치가 소산한 총에너지양,

E_h : 지반운동이 끝난 후 구조물의 고유감쇠에 의해 소산된 총에너지양.

$\overline{\mu}$: 각 부재종류별 평균최대요구연성도, $\overline{F}$: 각 부재종류별 평균최대요구내력

$\overline{\mu_V}$: 제진장치의 평균최대요구연성도, $\mu_{V,\ MAX}$: 제진장치의 허용최대연성도

$\overline{\nabla_V}$: 제진장치의 평균최대요구속도, $\nabla_{V,\ MAX}$: 제진장치의 허용최대속도

$\overline{F_V}$: 제진장치의 평균최대요구내력, $F_{V,\ MAX}$: 제진장치의 허용최대내력

표 0402.11 기술검토 종합의견서

항 목	기술검토의 종합의견 (AC : Acceptable, MC : Minor Comment, RR : Revision Required)
일반사항	■ AC □ MC □ RR
	Comments :
설계하중	■ AC □ MC □ RR
	Comments :
지진력저항 시스템의 동특성	■ AC □ MC □ RR
	Comments :
지진력저항 시스템의 해석모델	■ AC □ MC □ RR
	Comments : 파이버 모델에 철근과 콘크리트의 특성값을 직접 입력하여 철근콘크리트 보와 기둥의 이력거동을 구현함. 강성과 강도에 대한 저감효과를 해석모델 수립 시 적용하는 등 지진발생 시 구조물의 거동을 적절히 파악할 수 있는 해석모델을 수립한 것으로 판단됨.
제진장치의 해석모델과 실험결과 및 적용	■ AC □ MC □ RR
	Comments : 제진장치가 적절히 선택되었으며, 장치와 연결부재의 해석모델 또한 적절한 것으로 판단됨.
제진구조물 해석결과	■ AC □ MC □ RR
	Comments : 해석결과가 적절히 정리되었으며, 지진력저항시스템과 제진장치의 보유성능이 요구성능을 상회함을 확인함. 하지만 에너지 소산에 대한 해석결과 정리가 필요하나 해석 프로그램의 특성상 에너지양을 얻기에 너무 많은 시간이 소요됨을 확인하였음.
종합의견	■ AC □ MC □ RR
	Comments : 제진구조설계가 적절히 이루어졌음을 확인하였으며, 적절한 해석 프로그램과 해석모델을 사용하여 대상 구조물의 내진성능을 평가한 것으로 판단됨.

참고문헌

1. 대한건축학회(2010), 제진구조설계지침 및 예제집, 대한건축학회
2. Akiyama Hiroshi 저, 오상훈 역(2002), 에너지 평형법에 의한 건축물의 내진설계, 구미서관.
3. ASCE/SEI 7(2005), Minimum Design Loads for Buildings and Other Structures, American Society of Civil Engineers, Virginia, U.S.A.
4. ASCE/SEI 7(2010), Minimum Design Loads for Buildings and Other Structures, American Society of Civil Engineers, Virginia, U.S.A.
5. Carr, A. J. (2005), RUAUMOKO-Inelastic Dynamic Analysis Program. Department of Civil Engineering, University of Canterbury, Christchurch, New Zealend.
6. Chopra, A. K. (1995), Dynamics of Structures : Theory and Applications to Earthquake Engineering, Prentice Hall, New Jersey, U. S. A.
7. Christopoulos, C. and Fillatrault, A. (2006), Principles of Passive Supplemental Damping and Seismic Isolation, IUSS Press, Italy.
8. NEHRP(1997), NEHRP Guildelines for the Seismic Rehabilitation of Buildings, FEMA 273, Washington, DC, U. S. A.
9. NEHRP(2000), Recommended Guildelines for the Seismic Design of Buildings and Other Structures, FEMA 368, Washington, DC, U. S. A.
10. NEHRP(2000), Prestandard and Comentary for the Seismic Rehabilitation of Buildings, FEMA 356, Washington, DC, U. S. A.
11. NEHRP(2004), NEHRP Recommended Provisions for the Seismic Regulations for New Buildings and Other Structures, FEMA 450, Washington, DC, U. S. A.
12. NEHRP(2005), Improvement of Nonlinear Static Seismic Analysis Procedures, FEMA 440, Washington, DC, U. S. A.
13. NEHRP(2009), Quantification of Building Seismic Performance Factors, FEMA P695, Washington, DC, U. S. A.
14. Priestley, M. J. N. Calvi, G. M. and Kowalsky, M. J. (2007) Displacement-Based Seismic Design of Structures, IUSS Press, Italy.
15. Ramirez, C. M., Constantinou, M. C., Kircher, C. A., Whittaker, A. S., Johnson, M. W., Gomez, J. D., and Chrysostomou, C. Z. (2001) "Development and Evaluation of Simplified Procedures for Analysis and Design of Buildings with Passive Energy Dissipation Systems" Technical Report MCEER-00-0010, University of New York at Buffalo, NY, U. S. A.

부 록 I

제진구조설계 기술검토를 위한 체크리스트

(Design Checklist of Structures with Damping Systems)

프로젝트명 : ○○○○○○○○○

제진구조물에 대한 기술검토서

구조설계 : ○○○ 구조설계 사무소

구조설계 담당자 : ○○○외 ○○○명

기술검토 이력

기술검토	일 시		기술검토진 확인		
			○○○	○○○	○○○
1차	제출	'11.03.01			
	검토	'11.03.03			
2차	제출	'11.03.08			
	검토	'11.03.10			
3차	제출	'11.03.22			
	검토	'11.03.24			
4차	제출	'11.04.01			
	검토	'11.04.05			

○○○○ 구조설계 사무소

표 A.1 제진구조물 일반사항 체크리스트

항 목		설계 자료		기술검토 (AC : Acceptable, MC : Minor Comment, RR : Revision Required)	
		내 용	관련설계도서		
개요	위치			□ AC □ MC □ RR	
	이름			□ AC □ MC □ RR	
	용도			□ AC □ MC □ RR	
	규모			□ AC □ MC □ RR	
	하중기준			□ AC □ MC □ RR	
	구조형식			□ AC □ MC □ RR	
구조재료	콘크리트			□ AC □ MC □ RR	
	철근			□ AC □ MC □ RR	
	철골			□ AC □ MC □ RR	
도면	평면도			□ AC □ MC □ RR	
	입면도			□ AC □ MC □ RR	
	단면도			□ AC □ MC □ RR	
	제진장치			□ AC □ MC □ RR	

표 A.2 제진구조물 설계하중 체크리스트

항 목		설계 자료 내 용	설계 자료 관련 설계도서	기술검토 (AC : Acceptable, MC : Minor Comment, RR : Revision Required)	
중력하중	고정하중	층별 고정하중 유효지진중량 = ×고정하중		□ AC □ MC □ RR	
	활하중	 유효지진중량 = ×활하중		□ AC □ MC □ RR	
풍하중	설계기본풍속			□ AC □ MC □ RR	
	설계 밑면전단력			□ AC □ MC □ RR	
	풍하중을 포함한 조합하중에 의한 부재력	–		□ AC □ MC □ RR	
지진하중	내진등급(체크)	특 I II		□ AC □ MC □ RR	
	지역계수	$S=$		□ AC □ MC □ RR	
	지반종류(체크)	S_A S_B S_C S_D S_E		□ AC □ MC □ RR	
	지반증폭계수	$F_a=$, $F_v=$		□ AC □ MC □ RR	
	설계 스펙트럼 가속도	$S_{DS}=$, $S_{D1}=$		□ AC □ MC □ RR	
	내진설계 범주(체크)	A B C D		□ AC □ MC □ RR	
	제진시스템을 제외한 골조의 설계계수	$R=$ $\Omega_o=$ $C_d=$ $I=$		□ AC □ MC □ RR	
	제진시스템을 제외한 골조의 높이 제한	해당 없음		□ AC □ MC □ RR	
	비정형성	평면 비정형성 유형 – 수직 비정형성 유형 –		□ AC □ MC □ RR	

표 A.3 제진장치의 해석모델 및 실험결과에 대한 체크리스트

항 목			설계 자료 (내 용)					관련 설계 도서	기술검토 (AC : Acceptable, MC : Minor Comment, RR : Revision Required)
제진장치해석모델			1F~5F	6F~10F	11F~15F	16F~20F	21F~25F		□ AC □ MC □ RR
	종류(체크)								Comments :
	이력모델								
	탄성 강성[1]	축강성	kN/mm	kN/mm	kN/mm	kN/mm	kN/mm		□ AC □ MC □ RR
			ε : %	ε : %	ε : %	ε : %	ε : %		Comments :
		전단 강성	kN/mm	kN/mm	kN/mm	kN/mm	kN/mm		
			ε : %	ε : %	ε : %	ε : %	ε : %		
		휨강성	kN · m/rad	kN · m/rad	kN · m/rad	kN · m/rad	kN · m/rad		
			ε : %	ε : %	ε : %	ε : %	ε : %		
	항복 강도	축방향	kN	kN	kN	kN	kN		□ AC □ MC □ RR
			ε : %	ε : %	ε : %	ε : %	ε : %		Comments :
		전단 방향	kN	kN	kN	kN	kN		
			ε : %	ε : %	ε : %	ε : %	ε : %		
		휨	kN · m	kN · m	kN · m	kN · m	kN · m		
			ε : %	ε : %	ε : %	ε : %	ε : %		
	항복 후 강성	축방향							□ AC □ MC □ RR
			ε : %	ε : %	ε : %	ε : %	ε : %		Comments :
		전단 방향							
			ε : %	ε : %	ε : %	ε : %	ε : %		
		휨							
			ε : %	ε : %	ε : %	ε : %	ε : %		
	허용 최대 연성비	축방향							□ AC □ MC □ RR
			ε : %	ε : %	ε : %	ε : %	ε : %		Comments :
		전단 방향							
			ε : %	ε : %	ε : %	ε : %	ε : %		
		휨							
			ε : %	ε : %	ε : %	ε : %	ε : %		
	손실 계수	축방향							□ AC □ MC □ RR
		전단 방향							Comments :
		휨							

항 목		설계 자료						기술검토 (AC : Acceptable, MC : Minor Comment, RR : Revision Required)
		내 용					관련 설계 도서	
실험결과	시제품실험 체와의 유사성	□ : 유사함 □ : 실험예정	□ : 유사함 □ : 실험예정	□ : 유사함 □ : 실험예정	□ : 유사함 □ : 실험예정	□ : 유사함 □ : 실험예정		□ AC □ MC □ RR Comments :
	시제품실험 체와의 가력속도	□ : 정적 □ : 유사정적 □ : 동적	□ : 정적 □ : 유사정적 □ : 동적	□ : 정적 □ : 유사정적 □ : 동적	□ : 정적 □ : 유사정적 □ : 동적	□ : 정적 □ : 유사정적 □ : 동적		
	DBE[2]레벨의 반복가력횟수							
	MCE[3]레벨의 반복가력횟수							
	미진동에 대한 실험 여부	□ : 실시함 □ : 실험예정 □ : 불필요	□ : 실시함 □ : 실험예정 □ : 불필요	□ : 실시함 □ : 실험예정 □ : 불필요	□ : 실시함 □ : 실험예정 □ : 불필요	□ : 실시함 □ : 실험예정 □ : 불필요		
	미진동에 대한 실험 여부	□ : 실시함 □ : 실험예정 □ : 불필요	□ : 실시함 □ : 실험예정 □ : 불필요	□ : 실시함 □ : 실험예정 □ : 불필요	□ : 실시함 □ : 실험예정 □ : 불필요	□ : 실시함 □ : 실험예정 □ : 불필요		
	제품실험에 실시 여부	□ : 실시함 □ : 실험예정 □ : 불필요	□ : 실시함 □ : 실험예정 □ : 불필요	□ : 실시함 □ : 실험예정 □ : 불필요	□ : 실시함 □ : 실험예정 □ : 불필요	□ : 실시함 □ : 실험예정 □ : 불필요		□ AC □ MC □ RR Comments :
	제품실험의 횟수	□ : 5% 이내 □ : 10% 이내 □ : 기타( )	□ : 5% 이내 □ : 10% 이내 □ : 기타( )	□ : 5% 이내 □ : 10% 이내 □ : 기타( )	□ : 5% 이내 □ : 10% 이내 □ : 기타( )	□ : 5% 이내 □ : 10% 이내 □ : 기타( )		□ AC □ MC □ RR Comments :
	제품생산 시 품질관리계획							□ AC □ MC □ RR Comments :
	지진발생 후 보수보강계획							□ AC □ MC □ RR Comments :
	시공순서 및 시공 시 주의사항							□ AC □ MC □ RR Comments :

Note :

1) 해석에서 연결재와 제진장치를 하나의 이력모델로 한 경우에는 연결재와 제진장치의 상관관계를 고려한 탄성강성값을 기입할 것.
2) DBE(Design-Based Earthquake)는 설계지반운동으로 50년에 10% 발생 확률의 지진강도를 의미함.
3) MCE(Maximum Considered Earthquake)는 설계지반운동으로 50년에 2% 발생 확률의 지진강도를 의미함.
   ε : 해석에 사용된 값과 시제품실험 결과와의 오차로 (해석에 사용된 값-실험결과)/실험결과×100으로 계산할 것.

표 A.4 지진력저항시스템의 동특성에 대한 체크리스트

항 목			설계 자료						기술검토 (AC : Acceptable, MC : Minor Comment, RR : Revision Required)	
			내 용					관련 설계 도서		
동특성[1]	X 방향	모드	1차 모드	2차 모드	3차 모드	4차 모드	5차 모드		□ AC □ MC □ RR	
		주기	sec	sec	sec	sec	sec			
		모드형상	일반구조계산서(ㅇㅇ페이지)							
		가속도 계수[2]								
		모드중량	kN	kN	kN	kN	kN			
		모드 참여계수								
	Y 방향	모드	1차 모드	2차 모드	3차 모드	4차 모드	5차 모드		□ AC □ MC □ RR	
		주기	sec	sec	sec	sec	sec			
		모드형상	일반구조계산서(ㅇㅇ페이지)							
		가속도 계수[2]								
		모드중량	kN	kN	kN	kN	kN			
		모드 참여계수								

Note :

1) 모드중량의 누적합계가 구조물 전체 지진중량의 90% 이상이 될 때까지의 모든 모드에 대해 기술하며, 제진장치가 탄성강성을 가지고 있는 경우 이를 고려한 고유치 해석을 통한 결과를 나열할 것.
2) 가속도 계수는 KBC 기준에 나오는 CmS 값으로 해당 모드의 주기에 대한 설계가속도 스펙트럼계수 값임.

표 A.5 지진력저항시스템의 해석모델에 대한 체크리스트

<table>
<tr><th rowspan="2">항 목</th><th colspan="2">설계 자료</th><th rowspan="2">기술검토
(AC : Acceptable,
MC : Minor
Comment,
RR : Revision
Required)</th></tr>
<tr><th>내 용</th><th>관련
설계
도서</th></tr>
<tr><td>해석기법[1]
(체크)</td><td>ㅁ : 등가정적법 ㅁ : 응답 스펙트럼법 ㅁ : 선형 시간이력해석법
ㅁ : 비선형 정적해석법 ㅁ : 비선형 동적해석법
해석기법 선정의 근거(기준이나 참고문헌 제시) :</td><td></td><td>ㅁ AC ㅁ MC ㅁ RR
Comments :</td></tr>
<tr><td>해석에 사용한
프로그램</td><td>ㅁ : 상용프로그램 | ㅁ : In-House 프로그램
프로그램 이름 : | 검증문서 제출여부 : ㅁ : 제출 / ㅁ : 미제출</td><td></td><td>ㅁ AC ㅁ MC ㅁ RR
Comments :</td></tr>
<tr><td>구조물 고유
감쇠모델(체크)</td><td>ㅁ : 일정 감쇠모델 | ㅁ : 선형 변화감쇠모델 | ㅁ : Leigh 감쇠모델
감쇠비 : %
모드 | 감쇠비 | 모드 | 감쇠비
0차 모드 | % | 0차 모드 | %
0차 모드 | % | 0차 모드 | %</td><td></td><td>ㅁ AC ㅁ MC ㅁ RR
Comments :</td></tr>
<tr><td>질량모델(체크)</td><td>ㅁ : Lumped mass model | ㅁ : Diagonal mass model | ㅁ : Consistent mass model</td><td></td><td>ㅁ AC ㅁ MC ㅁ RR
Comments :</td></tr>
<tr><td>P-Δ 효과 검토
여부 (체크)</td><td>ㅁ : P-Δ 효과 미고려 | ㅁ : P-Δ효과 고려 (ㅁ : 프로그램에서 고려 | ㅁ : 기댄기둥 설치)</td><td></td><td>ㅁ AC ㅁ MC ㅁ RR
Comments :</td></tr>
<tr><td>지반에 대한
해석모델</td><td>ㅁ : 고정단으로 고려 | ㅁ : 지반스프링 사용 (ㅁ : 지질보고서에 의한 강성과 감쇠 사용 | ㅁ : 기타 방법)</td><td></td><td>ㅁ AC ㅁ MC ㅁ RR
Comments :</td></tr>
<tr><td>지반운동</td><td>ㅁ : 지반운동을 해석에 고려하지 않음
ㅁ : 지반운동을 해석에 고려함
해석에 사용한 지반운동개수 :
X방향과 Y방향 동시 가력 시 비율 :   :
각 방향 모드 주기에 대한 평균가속도 스펙트럼
모드 | X방향 | Y방향
1차 모드 | |
2차 모드 | |
3차 모드 | |
4차 모드 | |
5차 모드 | |</td><td></td><td>ㅁ AC ㅁ MC ㅁ RR
Comments :</td></tr>
</table>

항 목			설계 자료						기술검토 (AC : Acceptable, MC : Minor Comment, RR : Revision Required)
			내 용					관련 설계 도서	
부재별 이력거동			기둥	벽체	보	접합부[2]	슬래브[2]		□ AC □ MC □ RR
	이력모델[3]								Comments :
	탄성강성	축강성	EA_g	EA_g	EA_g	EA_g	EA_g		□ AC □ MC □ RR Comments :
		전단 강성	EA_s	EA_s	EA_s	EA_s	EA_s		□ AC □ MC □ RR Comments :
		휨강성	EI_g	EI_g	EI_g	EI_g	EI_g		□ AC □ MC □ RR Comments :
	F_Y								□ AC □ MC □ RR Comments :
	α								□ AC □ MC □ RR Comments :
	μ_T								□ AC □ MC □ RR Comments :
	μ_{MAX}								□ AC □ MC □ RR Comments :
	F_{MAX}								□ AC □ MC □ RR Comments :
	강성저감 고려 여부								□ AC □ MC □ RR Comments :
	강도저감 고려 여부								□ AC □ MC □ RR Comments :

Note :

1) 수행한 모든 해석기법에 대해 체크할 것.

2) 지진력저항시스템에 대한 해석모델에 포함된 경우에만 기입할 것.

3) F_Y : 설계강도에 대한 항복강도비, α : 항복 후 강성비로서 항복 후 강성을 탄성강성으로 나눈 값,
μ_T : 최대내력 시의 연성도로서 최대내력 시 변위를 항복변위로 나눈 값
μ_{MAX} : 항복변위에 대한 허용최대변위의 비, F_{MAX} : 항복강도에 대한 허용최대변위에서의 최대내력의 비

표 A.6 해석결과에 대한 체크리스트

항 목		설계 자료: 내 용			관련 설계 도서	기술검토 (AC : Acceptable, MC : Minor Comment, RR : Revision Required)
구조물 레벨의 해석 결과	최대 응답값[1]	최대층간 변형각	DBE 레벨	MCE 레벨		□ AC □ MC □ RR
			% @ 층	% @ 층		Comments :
		최대층 속도	DBE 레벨	MCE 레벨		
			cm/sec @층	cm/sec @층		
		최대층 가속도	DBE 레벨	MCE 레벨		
			g @ 층	g @ 층		
		에너지 소산량	DBE 레벨	E_I / E_f / E_V / E_h		
			MCE 레벨	E_I / E_f / E_V / E_h		
	층별 최대 응답분포	최대층간 변형각	DBE 레벨	MCE 레벨		□ AC □ MC □ RR
						Comments :
		최대층 속도	DBE 레벨	MCE 레벨		
		최대층 가속도	DBE 레벨	MCE 레벨		
		에너지 소산량	DBE 레벨	MCE 레벨		
			E_I / E_f / E_V / E_h	E_I / E_f / E_V / E_h		

지진력저항시스템의 부재별 해석결과[1]		기둥[2]	벽체[2]	보[2]	접합부[2]	슬래브[2]	관련 설계 도서	기술검토
	$\bar{\mu}/\mu_{MAX}$							□ AC □ MC □ RR
	$\bar{F}/F_{MAX}$							Comments :

제진장치에 대한			1F~5F DBE 레벨	1F~5F MCE 레벨	6F~10F DBE 레벨	6F~10F MCE 레벨	11F~15F DBE 레벨	11F~15F MCE 레벨	16F~20F DBE 레벨	16F~20F MCE 레벨	21F~25F DBE 레벨	21F~25F MCE 레벨	관련 설계 도서	기술검토
													–	□ AC □ MC □ RR
	최대변위	$\overline{\mu_V}/\mu_{V,\ MAX}$												Comments :
		$\overline{\nabla_V}/\nabla_{V,\ MAX}$												
		$\overline{F_V}/F_{V,\ MAX}$												

<table>
<tr><th colspan="3" rowspan="2">항 목</th><th colspan="10">설계 자료</th><th rowspan="3">기술검토
(AC : Acceptable,
MC : Minor
Comment,
RR : Revision
Required)</th></tr>
<tr><th colspan="10">내 용</th></tr>
<tr><th colspan="3"></th><th colspan="10"></th><th>관련
설계
도서</th></tr>
<tr><td rowspan="6">해석결과</td><td rowspan="3">최대속도</td><td>$\overline{\mu_V}/\mu_{V,\ MAX}$</td><td></td><td></td><td></td><td></td><td></td><td></td><td></td><td></td><td></td><td></td><td rowspan="3"></td><td rowspan="6"></td></tr>
<tr><td>$\overline{\nabla_V}/\nabla_{V,\ MAX}$</td><td colspan="10"></td></tr>
<tr><td>$\overline{F_V}/F_{V,\ MAX}$</td><td colspan="10"></td></tr>
<tr><td rowspan="3">최대가속도</td><td>$\overline{\mu_V}/\mu_{V,\ MAX}$</td><td colspan="10"></td><td rowspan="3"></td></tr>
<tr><td>$\overline{\nabla_V}/\nabla_{V,\ MAX}$</td><td colspan="10"></td></tr>
<tr><td>$\overline{F_V}/F_{V,\ MAX}$</td><td colspan="10"></td></tr>
</table>

Note :

1) 지진파를 7개 미만을 사용한 경우 최대값으로 표시하고 7개 이상을 사용한 경우 평균값을 표시할 것.
2) 지진력저항시스템에 대한 해석결과에는 DBE 레벨에 대해서만 정리할 것.

E_I : 총지진입력에너지 평균값, E_f : 지반운동이 끝난 후 지진력저항시스템이 소산한 총에너지양,

E_V : 지반운동이 끝난 후 제진장치가 소산한 총에너지양,

E_h : 지반운동이 끝난 후 구조물의 고유감쇠에 의해 소산된 총에너지양.

$\overline{\mu}$: 각 부재종류별 평균최대요구연성도, $\overline{F}$: 각 부재종류별 평균최대요구내력

$\overline{\mu_V}$: 제진장치의 평균최대요구연성도, $\mu_{V,\ MAX}$: 제진장치의 허용최대연성도

$\overline{\nabla_V}$: 제진장치의 평균최대요구속도, $\nabla_{V,\ MAX}$: 제진장치의 허용최대속도

$\overline{F_V}$: 제진장치의 평균최대요구내력, $F_{V,\ MAX}$: 제진장치의 허용최대내력

부 록 Ⅱ

ASCE 7-10 : 제진구조물의 내진설계 요구사항

(ASCE 7-10 : Seismic Design Requirements for Structures with Damping Systems)

Chapter 18

SEISMIC DESIGN REQUIREMENTS FOR STRUCTURES WITH DAMPING SYSTEMS

18.1 GENERAL

18.1.1 Scope.

Every structure with a damping system and every portion thereof shall be designed and constructed in accordance with the requirements of this standard as modified by this section. Where damping devices are used across the isolation interface of a seismically isolated structure, displacements, velocities, and accelerations shall be determined in accordance with Chapter 17.

18.1.2 Definitions.

The following definitions apply to the provisions of Chapter 18.

DAMPING DEVICE : A flexible structural element of the damping system that dissipates energy due to relative motion of each end of the device. Damping devices include all pins, bolts, gusset plates, brace extensions, and other components

18장

제진시스템을 갖는 구조물에 대한 내진 설계 요구사항

18.1 일반사항

18.1.1 범위

제진시스템을 갖는 모든 구조물과 구성요소는 이 절에서 수정사항을 반영한 본 기준에서 제시하고 있는 요구조건에 따라 설계되고 시공되어야 한다. 제진장치가 면진구조물의 면진층에 설치되는 경우 변위, 속도 그리고 가속도는 17절에 따라 결정되어야 한다.

18.1.2 정의

다음 용어의 정의는 18장에 적용된다.

제진장치 : 장치의 양 단부 상대운동에 의해 에너지를 소산시키는 제진시스템 중 유연 구조요소. 제진장치는 제진장치와 구조체에 연결하기 위하여 필요한 핀, 볼트, 거싯 플레이트, 가새 연장재 그리고 그 이외의 요소들을 포함한다. 제진장치는 변위의존형 또는 속도의존형 또는 조

required to connect damping devices to the other elements of the structure. Damping devices may be classified as either displacement dependent or velocity–dependent, or a combination thereof, and may be configured to act in either a linear or nonlinear manner.

합형으로 분류될 수 있으며, 선형 또는 비선형 거동하도록 구성된다.

DAMPING SYSTEM : The collection of structural elements that includes all the individual damping devices, all structural elements or bracing required to transfer forces from damping devices to the base of the structure, and the structural elements required to transfer forces from damping devices to the seismic force–resisting system.

제진시스템 : 모든 개별 제진장치, 제진장치로부터 구조물의 기초에 하중을 전달하는 구조요소 또는 가새 그리고 제진장치로부터 지진력저항시스템에 하중을 전달하기 위하여 필요한 구조요소를 포함하는 구조체.

DISPLACEMENT–DEPENDENT DAMPING DEVICE :
The force response of a displacement–dependent damping device is primarily a function of the relative displacement, between each end of the device. The response is substantially independent of the relative velocity between each of the devices, and/or the excitation frequency.

변위의존형 제진장치 : 변위의존형 제진장치의 하중응답은 주로 장치의 양 단부의 상대변위에 의해 작동하나 기본적으로 장치 양단부의 상대속도와 진동주파수에 무관하다.

VELOCITY-DEPENDENT DAMPING DEVICE : The force-displacement relation for a velocity-dependent damping device is primarily a function of the relative velocity between each end of the device, and could also be a function of the relative displacement between each end of the device.

속도의존형 제진장치 : 속도의존형 제진장치의 하중-변위 관계는 주로 장치 양단부의 상대속도에 의해 작동하나 장치 양단부 사이의 상대변위에 의해 작동할 수도 있다.

18.1.3 Notation.

The following notations apply to the provisions of this chapter.

18.1.3 기호

다음의 기호는 본 장의 조항에 적용된다.

18.2 GENERAL DESIGN REQUIREMENTS

18.2 일반설계 요구조건

18.2.1 Seismic Design Category A.

Seismic Design Category A structures with a damping system shall be designed using the design spectral response acceleration determined in accordance with Section 11.4.4 and the analysis methods and design requirements for Seismic Design Category B structures.

18.2.1 내진설계 분류 A

내진설계 범주 A에 속하는 제진구조물은 11.4.4절에 따라 결정되는 설계 스펙트럼 응답가속도를 사용하여 내진설계 범주 B에 속하는 구조물에 대한 해석방법과 설계 요구조건에 따라 설계되어야 한다.

18.2.2 System Requirements.

Design of the structure shall consider the basic requirements for

18.2.2 시스템 요구조건

구조물 설계는 아래 절에 정의한 지진력저항시스템과 제진시스템에 대한 기본

the seismic force-resisting system and the damping system as defined in the following sections. The seismic force-resisting system shall have the required strength to meet the forces defined in Section 18.2.2.1. The combination of the seismic force-resisting system and the damping system is permitted to be used to meet the drift requirement.

요구조건을 고려해야 한다. 지진력저항시스템은 18.2.2.1절에 정의된 하중을 지탱할 수 있는 내력을 보유해야 한다. 지진력저항시스템과 제진시스템의 조합이 변위 요구조건을 만족하기 위하여 사용될 수 있다.

18.2.2.1 Seismic Force-resisting System.

Structures that contain a damping system are required to have a seismic force-resisting system that, in each lateral direction, conforms to one of the types indicated in Table 12.2-1. The design of the seismic force-resisting system in each direction shall satisfy the requirements of Section 18.7 and the following :

18.2.2.1 지진력저항시스템

제진구조물은 각각의 횡방향으로 표 12-2.1에 있는 구조시스템 중 하나를 지진력저항시스템으로 사용해야 한다. 각 방향의 지진력저항시스템의 설계는 18.7절의 요구조건들과 다음을 만족해야 한다.

1. The seismic base shear used for design of the seismic force-resisting system shall not be less than V_{min}, where V_{min} is determined as the greater of

1. 지진력저항시스템의 설계에 사용된 지진하중에 의한 밑면전단력은 V_{min}보다 작아서는 안 되며, V_{min}은 (18.2-1)과 (18.2-2) 중 큰 값이다 :

the values computed using Eqs. 18.2-1 and 18.2-2 as follows :

$$V_{min} = \frac{V}{B_{V+1}} \quad (18.2\text{-}1)$$

$$V_{min} = 0.75V \quad (18.2\text{-}2)$$

where

V=seismic base shear in the direction of interest, determined in accordance with Section 12.8

B_{V+1}=numerical coefficient as set forth in Table 18.6-1 for effective damping equal to the sum of viscous damping in the fundamental mode of vibration of the structure in the direction of interest, β_{Vm} $(m = 1)$, plus inherent damping, β_I , and period of structure equal to T_1

여기서,

V=12.8절에 따라 결정되는 해당 방향의 지진하중에 의한 밑면전단력

B_{V+1}=해당 방향의 기본(1차) 진동모드에 대한 점성감쇠비 $\beta_{Vm}(m=1)$과 고유감쇠비 β_1의 합으로 계산되는 유효감쇠비와 1차 주기 T_1으로 이용하여 표 18.6-1에서 주어진 상수

EXCEPTION : The seismic base shear used for design of the seismic force-resisting system shall not be taken as less than 1.0 V, if either of the following conditions apply :

a. In the direction of interest, the damping system has less than two damping devices on each floor level, configured to resist torsion.

예외사항 : 지진력저항시스템의 설계에 사용된 지진하중에 의한 밑면전단력이 아래 조건 중 하나에 해당한다면 1.0V보다 작으면 안 된다 :

a. 해당 방향에서 각 층당 2개보다 적은 제진장치를 사용하여 비틀림에 저항하도록 제진시스템이 구성된 경우

b. The seismic force-resisting system has horizontal irregularity Type 1b (Table 12.3-1) or vertical irregularity Type 1b (Table 12.3-2).

b. 지진력저항시스템이 수평 비정형 형태 1b (표 12.3-1) 또는 수직 비정형 형태 1b (표 12.3-2)인 경우

2. Minimum strength requirements for elements of the seismic force-resisting system that are also elements of the damping system or are otherwise required to resist forces from damping devices shall meet the additional requirements of Section 18.7.2.

2. 제진시스템과 동시에 지진력저항시스템에 속하는 구조요소와 제진장치에 의한 하중에 저항해야 하는 지진력저항시스템의 구조요소의 최소내력은 18.7.2절의 추가적인 요구조건을 만족해야 한다.

18.2.2.2 Damping System.

Elements of the damping system shall be designed to remain elastic for design loads including unreduced seismic forces of damping devices as required in Section 18.7.2.1, unless it is shown by analysis or test that inelastic response of elements would not adversely affect damping system function and inelastic response is limited in accordance with the requirements of Section 18.7.2.6.

18.2.2.2 제진시스템

제진시스템을 구성하는 요소들의 비선형 응답이 제진장치의 역할에 유해한 영향을 미치지 않고 18.7.2.6절의 요구조건에 따라 비선형 응답이 제한됨이 해석이나 실험에 의해 입증되지 않으면, 18.7.2.1절에 요구되는 제진장치의 감소되지 않은 지진하중을 포함하는 설계하중에 대해 제진장치를 구성하는 요소들은 탄성에 머물도록 설계되어야 한다.

18.2.3 Ground Motion.

18.2.3.1 Design Spectra.

Spectra for the design earthquake and the maximum considered earthquake developed in accordance with Section 17.3.1 shall be used for the design and analysis of all structures with a damping system. Site-specific design spectra shall be developed and used for design of all structures with a damping system if either of the following conditions apply :

1. The structure is located on a Class F site.
2. The structure is located at a site with S_1 greater than or equal to 0.6.

18.2.3.2 Ground Motion Histories.

Ground motion histories for the design earthquake and the maximum considered earthquake developed in accordance with Section 17.3.2 shall be used for design and analysis of all structures with a damping system if either of the following conditions apply :

1. The structure is located at a site

18.2.3 지반운동

18.2.3.1 설계 스펙트럼

17.3.1절에 따라 작성된 설계지진과 최대급 지진의 스펙트럼은 제진시스템을 갖는 모든 구조물의 설계와 해석에 사용되어야 한다. 아래 조건 중 하나에 해당한다면, 부지 고유 설계 스펙트럼을 작성하여 제진시스템을 갖는 모든 구조물의 설계에 사용되어야 한다 :

1. 구조물이 Class F 부지에 위치한 경우
2. 구조물이 0.6 이상의 S_1을 갖는 부지에 위치한 경우

18.2.3.2 지반운동 이력

아래 조건 중 하나에 해당한다면, 17.3.1절에 따라 작성된 설계지진과 최대급 지진의 스펙트럼에 대한 지반운동 이력을 제진장치를 갖는 모든 구조물의 해석 및 설계에 사용해야 한다 :

1. 구조물이 0.6 이상의 S_1을 갖는 부지

with S_1 greater than or equal to 0.6.

에 위치한 경우

2. The damping system is explicitly modeled and analyzed using the response history analysis method.

2. 시간이력해석을 이용하여 제진시스템의 거동을 명확하게 규명할 수 있는 모델을 구현하고 해석했을 경우

18.2.4 Procedure Selection.

All structures with a damping system shall be designed using linear procedures, nonlinear procedures, or a combination of linear and nonlinear procedures, as permitted in this section.

Regardless of the analysis method used, the peak dynamic response of the structure and elements of the damping system shall be confirmed by using the nonlinear response history procedure if the structure is located at a site with S_1 greater than or equal to 0.6.

18.2.4 절차 선택

제진장치를 갖는 모든 시스템은 이 절에서 허용하는 선형 절차, 비선형 절차 또는 선형과 비선형 절차의 조합을 이용하여 설계되어야 한다.

단, 구조물이 0.6 이상의 S_1을 갖는 부지에 위치하면 구조물과 제진시스템 요소의 최대동적응답은 비선형 응답이력 절차에 의해 결정되어야 한다.

18.2.4.1 Nonlinear Procedures.

The nonlinear procedures of Section 18.3 are permitted to be used for design of all structures with damping systems.

18.2.4.1 비선형 절차

18.3절의 비선형 절차는 제진시스템을 갖는 모든 구조물의 설계에 사용할 수 있다.

18.2.4.2 Response Spectrum Procedure.

The response spectrum procedure of Section 18.4 is permitted to be used for design of structures with damping systems provided that

1. In the direction of interest, the damping system has at least two damping devices in each story, configured to resist torsion.
2. The total effective damping of the fundamental mode, $\beta_{mD}(m=1)$, of the structure in the direction of interest is not greater than 35 percent of critical.

18.2.4.2 응답 스펙트럼 절차

18.4절의 응답 스펙트럼 절차는 다음 조건을 만족하는 제진시스템을 가진 구조물 설계에 사용할 수 있다 :

1. 해당 횡방향에 대해 비틀림에 저항할 수 있도록 각 층당 적어도 2개의 제진장치가 배치된 경우
2. 해당 횡방향의 1차 모드에 대한 구조물의 총 유효감쇠 $\beta_{mD}(m=1)$가 임계감쇠의 35%보다 크지 않은 경우

18.2.4.3 Equivalent Lateral Force Procedure.

The equivalent lateral force procedure of Section 18.5 is permitted to be used for design of structures with damping systems provided that

1. In the direction of interest, the damping system has at least two damping devices in each story, configured to resist torsion.
2. The total effective damping of

18.2.4.3 등가횡력 절차

18.5절의 등가횡력 절차는 다음 조건을 만족하는 제진시스템을 가진 구조물 설계에 사용할 수 있다 :

1. 해당 횡방향에 대해 비틀림에 저항할 수 있도록 각 층당 적어도 2개의 제진장치가 배치된 경우
2. 해당 횡방향의 1차 모드에 대한 구조

the fundamental mode, $\beta_{mD}(m=1)$, of the structure in the direction of interest is not greater than 35 percent of critical.

물의 총 유효감쇠 $\beta_{mD}(m=1)$가 임계감쇠의 35%보다 크지 않은 경우

3. The seismic force-resisting system does not have horizontal irregularity Type 1a or 1b (Table 12.3-1) or vertical irregularity Type 1a, 1b, 2, or 3 (Table 12.3-2).
4. Floor diaphragms are rigid as defined in Section 12.3.1.
5. The height of the structure above the base does not exceed 100 ft (30 m).

3. 지진력저항시스템이 수평 비정형 형태 1a 또는 1b(표 12.3-1)이거나 수직 비정형 형태 1a, 1b, 2 또는 3(표 12.3-2)에 해당하지 않는 경우
4. 12.3.1절에 정의된 바와 같이 각 층을 강한 격막으로 볼 수 있는 경우
5. 상부 구조물의 높이가 30M(100ft)를 초과하지 않은 경우

18.2.5 Damping System.

18.2.5 제진시스템

18.2.5.1 Device Design.

The design, construction, and installation of damping devices shall be based on maximum earthquake response and consideration of the following conditions :

1. Low-cycle, large-displacement degradation due to seismic loads.
2. High-cycle, small-displacement degradation due to wind,

18.2.5.1 장치 설계

제진장치는 최대급 지진응답과 다음의 조건들을 고려하여 설계, 시공, 설치되어야 한다 :

1. 지진하중에 의한 저사이클의 큰 변위에 대한 강성 및 강도 등의 저감
2. 바람, 온도 또는 다른 반복하중으로 인한 고사이클의 작은 변위에 대한 강

thermal, or other cyclic loads.

3. Forces or displacements due to gravity loads.
4. Adhesion of device parts due to corrosion or abrasion, biodegradation, moisture, or chemical exposure.
5. Exposure to environmental conditions, including, but not limited to, temperature, humidity, moisture, radiation (e.g., ultraviolet light), and reactive or corrosive substances (e.g., salt water).

Damping devices subject to failure by low-cycle fatigue shall resist wind forces without slip, movement, or inelastic cycling. The design of damping devices shall incorporate the range of thermal conditions, device wear, manufacturing tolerances, and other effects that cause device properties to vary during the design life of the device.

성 및 강도 등의 저감

3. 중력하중에 의한 하중 또는 변위
4. 부식, 마모, 생분해현상, 습도, 화학물에 노출 등에 의한 장치 일부의 흡착
5. 온도, 습도, 습기, 방사(예; 자외선) 그리고 반응/부식물질(예; 해수)을 포함한 환경조건에의 노출

저사이클 피로에 파괴될 수 있는 제진장치는 슬립, 이동 또는 비탄성 거동 없이 풍하중에 저항할 수 있어야 한다. 제진장치는 온도조건, 장치의 마모, 제작오차와 장치의 설계수명 동안 장치의 특성을 변화시킬 수 있는 다른 요인들의 범위를 고려하여 설계되어야 한다.

18.2.5.2 Multiaxis Movement.

Connection points of damping devices shall provide sufficient articulation to accommodate

18.2.5.2 다축 이동

제진장치의 접합점은 동시에 발생할 수 있는 제진시스템의 길이방향, 횡방향, 수직방향 변위를 흡수할 수 있는 충분한 접

simultaneous longitudinal, lateral, and vertical displacements of the damping system.

합 상세가 있어야 한다.

18.2.5.3 Inspection and Periodic Testing.

Means of access for inspection and removal of all damping devices shall be provided. The registered design professional responsible for design of the structure shall establish an appropriate inspection and testing schedule for each type of damping device to ensure that the devices respond in a dependable manner throughout the design life. The degree of inspection and testing shall reflect the established in-service history of the damping devices, and the likelihood of change in properties over the design life of devices.

18.2.5.3 검사 및 주기적 실험

모든 제진장치를 제거하고 검사할 수 있는 방법이 제공되어야 한다. 장치가 설계수명 동안 신뢰할 만한 방식으로 반응하는지를 보증하기 위하여, 구조설계를 책임지는 인증전문가가 모든 종류의 제진장치에 대한 적절한 검사 및 실험계획을 수립해야 한다. 검사와 실험의 정도는 제진장치의 실제 이력과 장치의 설계수명 동안 특성의 변화 가능성을 반영해야 한다.

18.2.5.4 Quality Control.

As part of the quality assurance plan developed in accordance with Section 11A.1.2, the registered design professional responsible for the structural design shall establish

18.2.5.4 품질관리

부록의 11A.1.2절의 품질보증계획의 일환으로, 구조설계를 책임지는 인증 전문가가 제진장치의 제작에 대한 품질관리계획을 수립해야 한다. 품질관리계획은 최소한 18.9.2절의 실험 요구조건을 포함

a quality control plan for the manufacture of damping devices. As a minimum, this plan shall include the testing requirements of Section 18.9.2.

해야 한다.

18.3 NONLINEAR PROCEDURES

The stiffness and damping properties of the damping devices used in the models shall be based on or verified by testing of the damping devices as specified in Section 18.9. The nonlinear force-deflection characteristics of damping devices shall be modeled, as required, to explicitly account for device dependence on frequency, amplitude, and duration of seismic loading.

18.3 비선형 절차

해석모델에 사용된 제진장치의 강성과 감쇠특성은 18.9절에 규정된 제진장치 실험에 의하여 검증되거나 이를 근거로 수립되어야 한다. 제진장치의 비선형 하중-변위 특성은 지진하중의 주파수, 진폭, 지속시간 등에 대한 의존성을 명확하게 반영할 수 있도록 모델링되어야 한다.

18.3.1 Nonlinear Response History Procedure.

A nonlinear response history(time history) analysis shall utilize a mathematical model of the structure and the damping system as provided in Section 16.2.2 and this section. The model shall directly account for the nonlinear hysteretic behavior of elements of the structure and the

18.3.1 비선형 응답이력 절차

비선형 시간이력해석은 이 절과 16.2.2절에서 제시하고 있는 제진시스템과 구조물의 수학적 모델을 사용해야 한다. 해석모델은 대지의 설계응답 스펙트럼에 적합한 일련의 지반운동과 수치적분을 이용한 방법을 통해 구조물과 감쇠장치의 비선형 이력거동을 직접적으로 고려해야 한다. 해석은 이 절의 요구사항과 함께

damping devices to determine its response, through methods of numerical integration, to suites of ground motions compatible with the design response spectrum for the site. The analysis shall be performed in accordance with Section 16.2 together with the requirements of this section. Inherent damping of the structure shall not be taken greater than 5 percent of critical unless test data consistent with levels of deformation at or just below the effective yield displacement of the seismic force-resisting system support higher values. If the calculated force in an element of the seismic force-resisting system does not exceed 1.5 times its nominal strength, that element is permitted to be modeled as linear.

16.2절에 따라 수행되어야 한다. 지진하중저항시스템이 유효 항복변위가 항복변위 정도의 변형수준에 일치하는 실험 데이터가 임계감쇠의 5%보다 크다는 것이 입증되지 않는 한, 구조물의 고유감쇠는 임계감쇠의 5%보다 커서는 안 된다. 지진하중저항시스템의 요소에서 계산된 하중이 요소의 공칭강도의 1.5배를 초과하지 않는다면 그 요소는 선형으로 모델링 할 수 있다.

18.3.1.1 Damping Device Modeling.

Mathematical models of displacement-dependent damping devices shall include the hysteretic behavior of the devices consistent with test data and accounting for

18.3.1.1 제진장치 모델링

변위의존형 제진장치의 수학적 모델은 실험 데이터와 일치하고 강도, 강성, 이력곡선 형상의 모든 중요한 변화가 고려된 장치의 이력거동을 포함해야 한다. 속도의존형 제진장치의 수학적 모델은 실험

all significant changes in strength, stiffness, and hysteretic loop shape. Mathematical models of velocity-dependent damping devices shall include the velocity coefficient consistent with test data. If this coefficient changes with time and/or temperature, such behavior shall be modeled explicitly. The elements of damping devices connecting damper units to the structure shall be included in the model.

데이터와 일치하는 속도 상수를 포함해야 한다. 만약 이러한 상수가 시간 및 온도와 함께 변화한다면, 이를 구체적으로 모델링해야 한다. 제진시스템의 해석모델은 구조체에 제진장치를 연결하는 구조요소를 포함해야 한다.

EXCEPTION : If the properties of the damping devices are expected to change during the duration of the time history analysis, the dynamic response is permitted to be enveloped by the upper and lower limits of device properties. All these limit cases for variable device properties must satisfy the same conditions as if the time dependent behavior of the devices were explicitly modeled.

예외사항 : 제진장치의 특성이 시간이력해석 동안 변화된다면, 동적응답이 장치 특성의 상한치와 하한치에 의한 포락선으로 제진장치의 동적응답을 계산할 수 있다. 다양한 장치특성에 대한 모든 제한조건은 장치의 시간의존적 거동이 명확하게 모델링되는 것과 같은 조건을 만족해야 한다.

18.3.1.2 Response Parameters.

In addition to the response parameters given in Section 16.2.4, for each ground motion used for

18.3.1.2 응답변수

응답이력해석에 사용된 각각의 지반운동에 대하여 16.2.4절에 주어진 응답변수에 추가하여 개별 제진장치의 하중, 변

response history analysis, individual response parameters consisting of the maximum value of the discrete damping device forces, displacements, and velocities, in the case of velocity-dependent devices, shall be determined. If at least seven ground motions are used for response history analysis, the design values of the damping device forces, displacements, and velocities are permitted to be taken as the average of the values determined by the analyses. If fewer than seven ground motions are used for response history analysis, the design damping device forces, displacements, and velocities shall be taken as the maximum value determined by the analyses. A minimum of three ground motions shall be used.

위, 속도(속도의존형 제진장치의 경우)의 최대값인 장치 응답변수를 결정해야 한다. 만약, 적어도 7개의 지반운동을 응답이력해석에 사용한다면, 해석결과의 평균값을 제진장치의 하중, 변위, 속도의 설계값으로 사용할 수 있다. 만약 7개 미만의 지반운동을 해석에 사용한다면, 해석결과의 최대값을 제진장치의 하중, 변위, 속도의 설계값으로 사용해야 하며, 최소 3개 이상의 지반운동을 해석에 사용해야 한다.

18.3.2 Nonlinear Static Procedure.

The nonlinear modeling described in Section 16.2.2 and the lateral loads described in Section 16.2 shall be applied to the seismic force-resisting system. The resulting

18.3.2 비선형 정적 절차

16.2.2절의 비선형 모델링과 16.2절에 기술된 횡하중을 지진하중저항시스템에 재하되어야 한다. 식 18.6-8로 구할 수 있는 설계지진에 의한 유효연성도 μ_D와 식18.6-9로 구할 수 있는 최대급 지진에

force–displacement curve shall be used in lieu of the assumed effective yield displacement, D_Y, of Eq. 18.6–10 to calculate the effective ductility demand due to the design earthquake, μ_D, and due to the maximum considered earthquake, μ_M, in Eqs. 18.6–8 and 18.6–9, respectively. The value of R/C_d shall be taken as 1.0 in Eqs. 18.4–4, 18.4–5, 18.4–8, and 18.4–9 for the response spectrum procedure, and in Eqs. 18.5–6, 18.5–7, and 18.5–15 for the equivalent lateral force procedure.

의한 유효연성도 μ_M 계산에 필요한 식 18.6–10의 유효항복변위 D_Y를 가정하는 것 대신, 해석으로부터 얻은 하중–변위곡선을 사용해야 한다. 응답 스펙트럼 절차에서의 식 18.4–4, 18.4–5, 18.4–8, 18.4–9와 등가횡력 절차에서의 식 18.5–6, 18.5–7, 18.5–15에서 사용된 R/C_d값은 1.0으로 사용해야 한다.

18.4 RESPONSE SPECTRUM PROCEDURE

Where the response spectrum procedure is used to analyze structures with a damping system, the requirements of this section shall apply.

18.4 응답 스펙트럼 절차

응답 스펙트럼 절차를 제진구조물의 해석에 사용할 경우, 이 절의 요구조건을 적용해야 한다.

18.4.1 Modeling.

A mathematical model of the seismic force–resisting system and damping system shall be constructed that represents the spatial

18.4.1 모델링

구조물 전체의 질량, 강성, 감쇠의 공간적 분포를 표현할 수 있는 지진력저항시스템과 제진시스템의 수학적 모델이 구축되어야 한다. 12.9절의 지진력 저항에

distribution of mass, stiffness, and damping throughout the structure. The model and analysis shall comply with the requirements of Section 12.9 for the seismic force-resisting system and to the requirements of this section for the damping system. The stiffness and damping properties of the damping devices used in the models shall be based on or verified by testing of the damping devices as specified in Section 18.9. The elastic stiffness of elements of the damping system other than damping devices shall be explicitly modeled. Stiffness of damping devices shall be modeled depending on damping device type as follows :

대한 요구조건과 이 절의 제진시스템에 대한 요구조건에 따라 해석모델이 수립되고 해석이 수행되어야 한다. 해석모델에 사용된 제진장치의 강성과 감쇠특성은 18.9절에 명시된 것처럼 제진장치의 실험에 기초하거나 실험에 의해 검증되어야 한다. 제진장치를 제외한 제진시스템 요소의 탄성강성은 명확하게 모델링되어야 한다. 제진장치의 강성은 아래의 제진장치 형태에 따라 모델링되어야 한다.

1. **Displacement-dependent damping devices** : Displacement dependent damping devices shall be modeled with an effective stiffness that represents damping device force at the response displacement of interest (e.g., design story drift). Alternatively, the stiffness of hysteretic and

1. **변위의존형 제진장치** : 변위의존형 제진장치는 해당 응답변위(예를 들면, 설계 층간변위)에서 제진장치의 하중을 나타내는 유효강성으로 모델링되어야 한다. 또 다른 방법으로 변위의존형 제진장치의 설계하중 Q_{DSD}을 외력으로 해석모델에 재하한다면, 응답스펙트럼 해석에서 이력형 제진장치 및 마찰 제진장치의 강성을 배제할 수

friction damping devices is permitted to be excluded from response spectrum analysis provided design forces in displacement-dependent damping devices, Q_{DSD}, are applied to the model as external loads (Section 18.7.2.5).

있다(18.7.2.5절).

2. **Velocity-dependent damping devices** : Velocity-dependent damping devices that have a stiffness component (e.g., viscoelastic damping devices) shall be modeled with an effective stiffness corresponding to the amplitude and frequency of interest.

2. **속도의존형 제진장치** : 점탄성 제진장치와 같이 강성요소를 갖는 속도의존형 제진장치는 해당 진폭 및 진동수에 따른 유효강성으로 모델링해야 한다.

18.4.2 Seismic Force-resisting System.

18.4.2 지진력저항시스템

18.4.2.1 Seismic Base Shear.

The seismic base shear, V of the structure in a given direction shall be determined as the combination of modal components, V_m, subject to the limits of Eq. 18.4-1 as follows :

18.4.1 지진 밑면전단력

주어진 방향에서 구조물의 지진 밑면전단력 V는 다음 식 18.4-1의 제한을 받는 모드 성분의 조합 V_m으로서 결정되어야 한다.

$$V \geqq V_{\min} \quad (18.4\text{-}1)$$

The seismic base shear, V of the structure shall be determined by the sum of the square root method (SRSS) or complete quadratic combination of modal base shear components, V_m.

구조물의 지진 밑면전단력 V는 모드 밑면전단력 성분의 제곱합제곱근(SRSS)의 값 또는 완전이차조합법(CQC)의 값 V_m에 의해 결정되어야 한다.

18.4.2.2 Modal Base Shear.

Modal base shear of the mth mode of vibration, V_m of the structure in the direction of interest shall be determined in accordance with Eq. 18.4-2 as follows :

18.4.2.2 모드 밑면전단력

해당 방향 구조물의 m차 진동모드에 대한 밑면전단력 V_m은 다음의 식 18.4-2에 따라 결정되어야 한다.

$$V_m = C_{sm} \overline{W}_m \quad (18.4\text{-}2a)$$

$$\overline{W} = \frac{\left(\sum_{i=1}^{n} w_i \phi_{im}\right)^2}{\sum_{i=1}^{n} \phi_{im}^2} \quad (18.4\text{-}2b)$$

where

C_{sm} = seismic response coefficient of the mth mode of vibration of the structure in the direction of interest as determined from Section 18.4.2.4 ($m = 1$) or Section 18.4.2.6 ($m > 1$)

$\overline{W}_m$ = effective seismic weight of the mth mode of vibration of the structure

여기서,

C_{sm} = 18.4.2.4절 ($m = 1$) 또는 18.4.2.6절 ($m > 1$)과 같이, 해당 방향 구조물의 m차 진동모드의 지진응답계수

$\overline{W}_m$ = 구조물의 m차 모드의 유효지진 중량

18.4.2.3 Modal Participation Factor.

The modal participation factor of the mth mode of vibration, Γ_m of the structure in the direction of interest shall be determined in accordance with Eq. 18.4-3 as follows :

18.4.2.3 모드 참여계수

해당 방향에 대한 구조물의 m차 모드의 모드 참여계수 Γ_m는 아래와 같은 식 18.4-3에 따라 결정되어야 한다.

$$\Gamma_m = \frac{\overline{W}_m}{\sum_{i=1}^{n} w_i \phi_{im}} \qquad (18.4\text{-}3)$$

where

ϕ_{im} = displacement amplitude at the ith level of the structure in the mth mode of vibration in the direction of interest, normalized to unity at the roof level.

여기서,

ϕ_{im} = 해당 방향의 m차 모드에서 지붕층으로 1로 하여 무차원화 했을 때 I층에서의 변위진폭

18.4.2.4 Fundamental Mode Seismic Response Coefficient.

The fundamental mode ($m = 1$) seismic response coefficient, C_{S1} in the direction of interest shall be determined in accordance with Eqs. 18.4-4 and 18.4-5 as follows :

18.4.2.4 기본모드 지진응답계수

해당 방향의 기본모드($m = 1$) 지진응답계수 C_{S1}은 아래의 식 18.4-4와 18.4-5에 따라 결정되어야 한다.

$$\text{For } T_{1D} < T_S, \quad C_{S1} = \left(\frac{R}{C_d}\right)\frac{S_{DS}}{\Omega_0 B_{1D}} \qquad (18.4\text{-}4)$$

$$\text{For } T_{1D} \geq T_S, \quad C_{S1} = \left(\frac{R}{C_d}\right)\frac{S_{DS}}{T_{1D}(\Omega_0 B_{1D})} \qquad (18.4\text{-}5)$$

18.4.2.5 Effective Fundamental Mode Period Determination.

The effective fundamental mode ($m = 1$) period at the design earthquake, T_{1D} and at the maximum considered earthquake, T_{1M} shall be based either on explicit consideration of the postyield nonlinear force deflection characteristics of the structure or determined in accordance with Eqs. 18.4-6 and 18.4-7 as follows :

18.4.2.5 유효 기본모드 주기 결정

설계지진에서의 유효 기본모드($m = 1$) 주기 T_{1D}와 최대급 지진에서의 유효 기본모드($m = 1$) 주기 T_{1M}은 구조물의 항복 후 비선형 하중–변위 특성에 따라 명확하게 반영하거나 식 18.4-6과 18.4-7에 따라 결정되어야 한다.

$$T_{1D} = T_1\sqrt{\mu_D} \quad (18.4\text{-}6)$$

$$T_{1M} = T_1\sqrt{\mu_M} \quad (18.4\text{-}7)$$

18.4.2.6 Higher Mode Seismic Response Coefficient.

Higher mode ($m > 1$) seismic response coefficient, C_{Sm} of the mth mode of vibration ($m > 1$) of the structure in the direction of interest shall be determined in accordance with Eqs. 18.4-8 and 18.4-9 as follows :

18.2.6 고차모드 지진응답계수

해당 방향에서 구조물의 m차($m > 1$) 모드의 지진응답계수 C_{Sm}은 아래와 같이 식 18.4-8과 18.4-9에 따라 결정되어야 한다.

$$\text{For } T_m < T_S,\ C_{Sm} = \left(\frac{R}{C_d}\right)\frac{S_{DS}}{\Omega_0 B_{mD}} \quad (18.4\text{-}8)$$

$$\text{For } T_m \geq T_S,\ C_{S1} = \left(\frac{R}{C_d}\right)\frac{S_{DS}}{T_m(\Omega_0 B_{mD})} \quad (18.4\text{-}9)$$

where

T_m = period, in seconds, of the mth mode of vibration of the structure in the direction under consideration

B_{mD} = numerical coefficient as set forth in Table 18.6-1 for effective damping equal to β_{mD} and period of the structure equal to T_m

여기서,

T_m = 해당 방향에서 구조물의 m차 모드의 주기, 단위 sec.

B_{mD} = 유효감쇠 β_{mD}와 구조물의 주기 T_m에 의해 표 18.6-1에서 주어진 수치 상수

18.4.2.7 Design Lateral Force.

Design lateral force at Level i due to m^{th} mode of vibration, F_{im} of the structure in the direction of interest shall be determined in accordance with Eq. 18.4-10 as follows :

18.4.2.7 설계 횡방향력

해당 방향에서 구조물의 m차 진동모드로 인한 i층에서의 설계횡력 F_{im}은 아래와 같이 식 18.4-10에 따라 결정되어야 한다 :

$$F_{im} = w_i \phi_{im} \frac{\Gamma_m}{W_m} V_m \quad (18.4\text{-}10)$$

Design forces in elements of the seismic force- resisting system shall be determined by the SRSS or complete quadratic combination of modal design forces.

지진력저항시스템 구조요소의 설계하중은 모드 설계하중의 제곱합제곱근(SRSS)의 값 또는 완전이차조합법(CQC)에 의하여 결정되어야 한다.

18.4.3 Damping System.

Design forces in damping devices

18.4.3 제진시스템

제진장치와 제진시스템의 다른 요소의

and other elements of the damping system shall be determined on the basis of the floor deflection, story drift, and story velocity response parameters described in the following sections. Displacements and velocities used to determine maximum forces in damping devices at each story shall account for the angle of orientation from horizontal and consider the effects of increased response due to torsion required for design of the seismic force-resisting system. Floor deflections at Level i, δ_{iD} and δ_{iM}, design story drifts, Δ_D and Δ_M and design story velocities, ∇_D and ∇_M, shall be calculated for both the design earthquake and the maximum considered earthquake, respectively, in accordance with this section.

설계하중은 아래 절에서 기술된 층변위, 층간변위, 층 속도응답 변수를 근거로 결정되어야 한다. 각 층에서 제진장치의 최대하중을 결정하기 위해 사용된 변위 및 속도는 수평각을 고려해야 하고, 지진력저항시스템 설계 시 고려해야 하는 비틀림에 의한 응답 증폭을 고려해야 한다. i층에서의 층변위 δ_{iD}와 δ_{iM}, 설계 층간변위 Δ_D와 Δ_M 그리고 설계 층속도 ∇_D와 ∇_M은 이 절에 따라 설계지진 및 최대급 지진에 대하여 각각 계산되어야 한다.

18.4.3.1 Design Earthquake Floor Deflection.

The deflection of structure due to the design earthquake at Level i in the mth mode of vibration, δ_{imD} of the structure in the direction of

18.4.3.1 설계지진 층변위

해당 방향에서 m차 모드에 대한 구조물 i층의 설계지진 시 구조물의 변위 δ_{imD}은 아래와 같이 식 18.4-11에 따라 결정되어야 한다.

interest shall be determined in accordance with Eq. 18.4-11 as follows :

$$\delta_{imD} = D_{mD}\Phi_{im} \tag{18.4-11}$$

The total design earthquake deflection at each floor of the structure shall be calculated by the SRSS or complete quadratic combination of modal design earthquake deflections.

구조물의 각 층에서의 설계지진에 의한 총 변위는 설계지진에 대한 모드변위의 제곱합제곱근(SRSS)의 값 또는 완전이차조합법(CQC)에 의하여 계산되어야 한다.

18.4.3.2 Design Earthquake Roof Displacement.

Fundamental ($m = 1$) and higher mode ($m > 1$) roof displacements due to the design earthquake, D_{1D} and D_{mD}, of the structure in the direction of interest shall be determined in accordance with Eqs. 18.4-12 and 18.4-13 as follows :

18.4.3.2 설계지진 최상층 변위

해당 방향에서 설계지진 시 1차 모드 ($m = 1$) 및 고차모드($m > 1$)의 구조물 최상층변위 D_{1D}와 D_{mD}은 아래와 같이 식 18.4-12와 18.4-13에 따라 결정되어야 한다.

For $m = 1$,

$$D_{1D} = \left(\frac{g}{4\pi^2}\right)\Gamma_1 \frac{S_{DS}T_{1D}^2}{B_{1D}} \geq \left(\frac{g}{4\pi^2}\right)\Gamma_1 \frac{S_{DS}T_1^2}{B_{1E}}, \quad T_{1D} < T_S \tag{18.4-12a}$$

$$D_{1D} = \left(\frac{g}{4\pi^2}\right)\Gamma_1 \frac{S_{D1}T_{1D}}{B_{1D}} \geq \left(\frac{g}{4\pi^2}\right)\Gamma_1 \frac{S_{D1}T_1}{B_{1E}} \quad T_{1D} \geq T_S \tag{18.4-12b}$$

For $m > 1$,

$$D_{mD} = \left(\frac{g}{4\pi^2}\right)\Gamma_m \frac{S_{D1}T_m}{B_{mD}} \leq \left(\frac{g}{4\pi^2}\right)\Gamma_m \frac{S_{DS}T_m^2}{B_{mE}} \tag{18.4-13}$$

18.4.3.3 Design Earthquake Story Drift.

Design earthquake story drift in the fundamental mode, Δ_{1D} and higher modes, Δ_{mD} $(m > 1)$, of the structure in the direction of interest shall be calculated in accordance with Section 12.8.6 using modal roof displacements of Section 18.4.3.2. Total design earthquake story drift, Δ_D, shall be determined by the SRSS or complete quadratic combination of modal design earthquake drifts.

18.4.3.3 설계지진 층간변위

해당 방향에서 설계지진 시 1차 모드 및 고차모드$(m > 1)$의 구조물의 층간변위, Δ_{1D}와 Δ_{mD}은 18.4.3.2 절의 최상층 모드변위를 이용하여 12.8절에 따라 계산되어야 한다. 전체 설계지진 층간변위 Δ_D은 설계지진 모드변위의 제곱합제곱근(SRSS)의 값 또는 완전이차조합법(CQC)에 의하여 결정되어야 한다.

18.4.3.4 Design Earthquake Story Velocity.

Design earthquake story velocity in the fundamental mode, ∇_{1D} and higher modes, ∇_{mD} $(m > 1)$, of the structure in the direction of interest shall be calculated in accordance with Eqs. 18.4-14 and 18.4-15 as follows :

18.4.3.4 설계지진 층간속도

해당 방향에서 설계지진 시 1차 모드 및 고차모드$(m > 1)$ 구조물의 층간속도 ∇_{1D}와 ∇_{mD}는 아래와 같이 식 18.4-14와 18.4-15에 따라 계산되어야 한다.

$$\text{For } m = 1, \ \nabla_{1D} = 2\pi \frac{\Delta_{1D}}{T_{1D}} \quad (18.4\text{-}14)$$

$$\text{For } m > 1, \ \nabla_{mD} = 2\pi \frac{\Delta_{mD}}{T_m} \quad (18.4\text{-}15)$$

Total design earthquake story velocity, ∇_D shall be determined by the SRSS or complete quadratic combination of modal design earthquake velocities.

전체 설계지진 층간속도 ∇_D는 설계지진 모드 속도의 제곱합제곱근(SRSS)의 값 또는 완전이차조합법(CQC)에 의하여 결정되어야 한다.

18.4.3.5 Maximum Earthquake Response.

Total modal maximum earthquake floor deflection at Level i, design story drift values and design story velocity values shall be based on Sections 18.4.3.1, 18.4.3.3, and 18.4.3.4, respectively, except design earthquake roof displacement shall be replaced by maximum earthquake roof displacement. Maximum earthquake roof displacement of the structure in the direction of interest shall be calculated in accordance with Eqs. 18.4-16 and 18.4-17 as follows :

18.4.3.5 최대지진응답

설계지진 최상층 변위를 최대지진 최상층 변위로 대체하고, 18.4.3.1절, 18.4.3.3절과 18.4.3.4절에 따라 최대급 지진에 대한 i층에서의 총 최대모드 층변위, 설계 층간변위와 설계 층간속도를 구해야 한다. 해당 방향에서 구조물의 최대지진 최상층 변위는 아래와 같이 식 18.4-16과 18.4-17에 따라 계산되어야 한다.

For $m=1$,

$$D_{1M} = \left(\frac{g}{4\pi^2}\right)\Gamma_1 \frac{S_{MS}T_{1M}^2}{B_{1M}} \geq \left(\frac{g}{4\pi^2}\right)\Gamma_1 \frac{S_{MS}T_1^2}{B_{1E}}, \quad T_{1M} < T_S \qquad (18.4\text{-}16a)$$

$$D_{1D} = \left(\frac{g}{4\pi^2}\right)\Gamma_1 \frac{S_{M1}T_{1M}}{B_{1M}} \geq \left(\frac{g}{4\pi^2}\right)\Gamma_1 \frac{S_{M1}T_1}{B_{1E}}, \quad T_{1M} \geq T_S \qquad (18.4\text{-}16b)$$

For $m>1$,

$$D_{mM} = \left(\frac{g}{4\pi^2}\right)\Gamma_m \frac{S_{M1}T_m}{B_{mD}} \leq \left(\frac{g}{4\pi^2}\right)\Gamma_m \frac{S_{MS}T_m^2}{B_{mE}} \qquad (18.4\text{-}17)$$

where

B_{nM} = numerical coefficient as set forth in Table 18.6-1 for effective damping equal to β_{mM} and period of the structure equal to T_m

여기서,

B_{nM} = 유효감쇠 β_{mM}와 구조물의 주기 T_m에 대하여 표 18.6-1에서 정한 상수

18.5 EQUIVALENT LATERAL FORCE PROCEDURE

Where the equivalent lateral force procedure is used to design structures with a damping system, the requirements of this section shall apply.

18.5 등가횡력 절차

제진구조물 설계에 등가횡력 절차가 사용되는 경우, 이 절의 요구조건을 적용해야 한다.

18.5.1 Modeling.

Elements of the seismic force-resisting system shall be modeled in a manner consistent with the requirements of Section 12.8. For purposes of analysis, the structure shall be considered to be fixed at the base. Elements of the damping system shall be modeled as required to determine design forces transferred from damping devices to both the ground and the seismic force-resisting system. The effective stiffness of velocity-dependent

18.5.1 모델링

지진력저항시스템의 요소는 12.8절의 요구조건에 부합하도록 모델링되어야 한다. 해석 시, 구조물은 기초에 고정된 것으로 간주해야 한다. 제진시스템의 요소들은 제진장치에서 지반과 지진력저항시스템으로 전달되는 설계력을 결정할 수 있도록 모델링되어야 한다. 속도의존형 제진장치의 유효강성은 모델링에 포함되어야 한다. 유효감쇠가 18.6절의 절차에 따라 계산되거나 18.5.2절과 18.5.3절에서와 같이 응답을 수정하기 위해 사용된다면 제진장치를 구체적으로 모델링할 필요는 없다. 해석모델에 사용된 제진장치

damping devices shall be modeled. Damping devices need not be explicitly modeled provided effective damping is calculated in accordance with the procedures of Section 18.6 and used to modify response as required in Sections 18.5.2 and 18.5.3. The stiffness and damping properties of the damping devices used in the models shall be based on or verified by testing of the damping devices as specified in Section 18.9.

의 강성과 감쇠특성은 18.9절에 명시된 제진장치의 실험에 기초하거나 실험에 의하여 검증되어야 한다.

18.5.2 Seismic Force-resisting System.

18.5.2 지진력저항시스템

18.5.2.1 Seismic Base Shear.

The seismic base shear, V of the seismic force-resisting system in a given direction shall be determined as the combination of the two modal components, V_1 and V_R in accordance with the following equation :

18.5.2.1 지진 밑면전단력

해당 방향에서 지진력저항시스템의 지진 밑면전단력 V는 아래 식에 따라 두 가지 성분 V_1과 V_R의 조합으로 결정되어야 한다.

$$V = \sqrt{(V_1^2 + V_R^2} \geq V_{\min} \quad (18.5\text{-}1)$$

where

V_1 = design value of the seismic base shear of the fundamental

여기서,

V_1 = 18.5.2.2절에서 결정할 수 있는 것과 같이, 해당 방향에서 기본모드의

mode in a given direction of response, as determined in Section 18.5.2.2

V_R = design value of the seismic base shear of the residual mode in a given direction, as determined in Section 18.5.2.6

V_{min} = minimum allowable value of base shear permitted for design of the seismic force-resisting system of the structure in direction of the interest, as determined in Section 18.2.2.1.

지진설계 밑면전단력

V_R = 18.5.2.6절에서 결정할 수 있는 것과 같이, 해당 방향에서 잔류모드의 지진설계 밑면전단력의 설계값

V_{min} = 18.2.2.1절에서 결정할 수 있는 것과 같이, 해당 방향에서 구조물의 지진력저항시스템에 허용되는 지진설계 밑면전단력의 최소값

18.5.2.2 Fundamental Mode Base Shear.

The fundamental mode base shear, V_1, shall be determined in accordance with the following equation :

18.5.2.2 기본모드 밑면전단력

기본모드의 밑면전단력 V_1은 아래 식에 따라 구해야 한다.

$$V_1 = C_{S1}\overline{W_1} \qquad (18.5\text{-}2)$$

where

C_{S1} = the fundamental mode seismic response coefficient, as determined in Section 18.5.2.4

$\overline{W_1}$ = the effective fundamental mode seismic weight including portions of the live load as defined by Eq. 18.4-2b for $m = 1$

여기서,

C_{S1} = 18.5.2.4절에서 결정할 수 있으며 기본모드의 지진응답계수

$\overline{W_1}$ = $m = 1$에 대한 18.4-2b 식으로 정의된 활하중 일부를 포함한 유효 기본모드 지진중량

18.5.2.3 Fundamental Mode Properties.

The fundamental mode shape, ϕ_{i1}, and participation factor, Γ_1 shall be determined by either dynamic analysis using the elastic structural properties and deformational characteristics of the resisting elements or using Eqs. 18.5−3 and 18.5−4 as follows :

18.5.2.3 기본모드 특성

기본모드 형상 ϕ_{i1}과 모드참여계수 Γ_1은 구조요소의 탄성특성과 변형특성을 이용한 동적해석이나 아래와 같이 식 18.5−3과 18.5−4를 이용하여 결정되어야 한다.

$$\phi_{i1} = \frac{h_i}{h_r} \tag{18.5−3}$$

$$\Gamma_1 = \frac{\overline{W_1}}{\sum_{i=1}^{n} w_i \phi_{i1}} \tag{18.5−4}$$

where

h_i = the height of the structure above the base to Level i

h_r = the height of the structure above the base to the roof level

w_i = the portion of the total effective seismic weight, W located at or assigned to Level i

The fundamental period, T_1 shall be determined either by dynamic analysis using the elastic structural properties and deformational characteristics of the resisting

여기서,

h_i = 지반에서 i 레벨까지의 구조물의 높이

h_r = 지반에서 지붕층까지의 구조물의 높이

w_i = i 레벨에 위치하거나 할당된 유효지진중량

기본주기 T_1는 구조요소의 탄성특성과 변형특성을 이용한 동적해석이나 아래와 같이 식 18.5−5를 이용하여 결정되어야 한다.

elements, or using Eq. 18.5-5 as follows :

$$T_1 = 2\pi\sqrt{\frac{\sum_{i=1}^{n} w_i \delta_i^2}{g\sum_{i=1}^{n} f_i \delta_i}} \quad (18.5\text{-}5)$$

where

f_i = lateral force at Level i of the structure distributed in accordance with Section 12.8.3

δ_i = elastic deflection at Level i of the structure due to applied lateral forces f_i

여기서,

f_i = 12.8.3절에 따라 분포되는 구조물의 i 레벨에서의 횡력

δ_i = 횡력 f_i의 작용에 의한 구조물의 i 레벨에서의 탄성변위

18.5.2.4 Fundamental Mode Seismic Response Coefficient.

The fundamental mode seismic response coefficient, C_{S1} shall be determined using Eq. 18.5-6 or 18.5-7 as follows :

18.5.2.4 기본모드의 지진응답계수

기본모드의 지진응답계수 C_{S1}은 아래 식 18.5-6 또는 식 18.5-7을 이용하여 결정되어야 한다.

$$\text{For } T_{1D} < T_s,\ C_{S1} = \left(\frac{R}{C_d}\right)\frac{S_{D1}}{\Omega_0 B_{1D}} \quad (18.5\text{-}6)$$

$$\text{For } T_{1D} > T_s,\ C_{S1} = \left(\frac{R}{C_d}\right)\frac{S_{D1}}{T_{1D}(\Omega_0 B_{1D})} \quad (18.5\text{-}7)$$

where

S_{DS} = the design spectral response acceleration parameter in the short period range

S_{D1} = the design spectral response

여기서,

S_{DS} = 단주기영역의 설계 스펙트럼 응답가속도 변수

S_{D1} = 1초 주기의 설계 스펙트럼 응답가속도 변수

acceleration parameter at a period of 1 s

B_{1D} = numerical coefficient as set forth in Table 18.6-1 for effective damping equal to $\beta_{mD}(m=1)$ and period of the structure equal to T_{1D}

B_{1D} = 유효감쇠비 $\beta_{mD}(m=1)$와 구조물의 주기 T_{1D}에 대해 표 18.6-1에서 주어진 수치 상수

18.5.2.5 Effective Fundamental Mode Period Determination.

The effective fundamental mode period at the design earthquake, T_{1D} and at the maximum considered earthquake, T_{1M} shall be based on explicit consideration of the post-yield force deflection characteristics of the structure or shall be calculated using Eqs. 18.5-8 and 18.5-9 as follows :

18.5.2.5 유효 기본모드 주기의 결정

실계지진에서의 유효 기본모드 주기 T_{1D}와 최대급 지진에서의 유효 기본모드 주기 T_{1M}은 구조물의 항복 후 하중-변형 특성을 명확하게 고려하거나 아래 식 18.5-8과 18.5-9를 이용하여 계산해야 한다.

$$T_{1D} = T_1\sqrt{\mu_D} \tag{18.5-8}$$

$$T_{1M} = T_1\sqrt{\mu_M} \tag{18.5-9}$$

18.5.2.6 Residual Mode Base Shear.

Residual mode base shear, V_R shall be determined in accordance with Eq. 18.5-10 as follows :

18.5.2.6 잔류모드 밑면전단력

잔류모드 밑면전단력 V_R은 아래와 같이 식 18.5-10에 따라 결정되어야 한다.

$$V_R = C_{SR}\overline{W_R} \tag{18.5-10}$$

where

C_{SR} = the residual mode seismic response coefficient as determined in Section 18.5.2.8

$\overline{W_R}$ = the effective residual mode effective weight of the structure determined using Eq. 18.5-13

여기서,

C_{SR} = 18.5.2.8절에 정의된 잔류모드의 지진응답계수

$\overline{W_R}$ = 식 18.5-13으로 계산할 수 있는 잔류모드에 대한 구조물의 유효중량

18.5.2.7 Residual Mode Properties.

Residual mode shape, ϕ_{iR}, participation factor, Γ_r effective residual mode seismic weight of the structure, $\overline{W_R}$, and effective period, T_R, shall be determined using Eqs. 18.5-11 through 18.5-14 as follows :

18.5.2.7 잔류모드 특성

잔류모드에 대한 모드형상 ϕ_{iR}, 참여계수 Γ_r, 구조물의 지진중량 $\overline{W_R}$ 그리고 유효주기 T_R은 아래의 식 18.5-11부터 18.5-14까지를 이용하여 결정되어야 한다.

$$\phi_{iR} = \frac{1-\Gamma_1\phi_{i1}}{1-\Gamma_1} \tag{18.5-11}$$

$$\Gamma_R = 1-\Gamma_1 \tag{18.5-12}$$

$$\overline{W_R} = W - \overline{W_1} \tag{18.5-13}$$

$$T_R = 0.4\,T_1 \tag{18.5-14}$$

18.5.2.8 Residual Mode Seismic Response Coefficient.

The residual mode seismic response coefficient, C_{SR}, shall be determined in accordance with the following equation :

18.5.2.8 잔류모드 지진응답계수

잔류모드 지진응답계수 C_{SR}은 아래 식에 따라 결정되어야 한다.

$$C_{SR} = \left(\frac{R}{C_D}\right)\frac{S_{DS}}{\Omega_0 B_R} \qquad (18.5\text{-}16)$$

where

B_R = numerical coefficient as set forth in Table 18.6-1 for effective damping equal to β_R, and period of the structure equal to T_R

여기서,

B_R = 유효감쇠비 β_R와 구조물의 주기 T_R에 대해 표 18.6-1에서 주어진 수치 상수

18.5.2.9 Design Lateral Force.

The design lateral force in elements of the seismic force-resisting system at Level i due to fundamental mode response, F_{i1}, and residual mode response, F_{iR}, of the structure in the direction of interest shall be determined in accordance with Eqs. 18.5-16 and 18.5-17 as follows :

18.5.2.9 설계횡력

해당 방향에서 구조물의 기본모드응답 F_{i1}과 잔류모드응답 F_{iR}에 의한 i레벨에서의 지진력저항시스템을 구성하는 구조요소의 설계횡력은 아래의 식 18.5-16과 18.5-17에 따라 결정되어야 한다 :

$$F_{i1} = w_i \phi_{i1} \frac{\Gamma_1}{W_1} V_1 \qquad (18.5\text{-}16)$$

$$F_{iR} = w_i \phi_{iR} \frac{\Gamma_R}{W_R} V_R \qquad (18.5\text{-}17)$$

Design forces in elements of the seismic force- resisting system shall be determined by taking the SRSS of the forces due to fundamental and residual modes.

지진력저항시스템에서 구조요소의 설계력은 기본모드와 잔류모드에 의한 부재력을 SRSS로 조합하여 결정되어야 한다.

18.5.3 Damping System.

Design forces in damping devices and other elements of the damping system shall be determined on the basis of the floor deflection, story drift, and story velocity response parameters described in the following sections. Displacements and velocities used to determine maximum forces in damping devices at each story shall account for the angle of orientation from horizontal and consider the effects of increased response due to torsion required for design of the seismic force-resisting system. Floor deflections at Level i, δ_{iD} and δ_{iM}, design story drifts, Δ_D and Δ_M, and design story velocities, ∇_D and ∇_M, shall be calculated for both the design earthquake and the maximum considered earthquake, respectively, in accordance with the following sections.

18.5.3 제진시스템

제진시스템의 제진장치와 기타 요소들에서의 설계력은 다음 절들에서 기술하는 층변위, 층간변위 그리고 층 속도응답 변수를 기초로 결정해야 한다. 각 층 제진장치의 최대하중을 결정하는 데 사용되는 변위와 속도는 수평각을 고려해야 하고, 지진력저항시스템의 설계를 위하여 필요한 비틀림에 의해 증가된 응답효과를 고려해야 한다. i레벨에서의 층변위 δ_{iD}와 δ_{iM}, 설계층간변위 Δ_D과 Δ_M 그리고 설계 층속도 ∇_D과 ∇_M는 아래 절에 따라 설계지진과 최대급 지진에 대하여 각각 계산되어야 한다.

18.5.3.1 Design Earthquake Floor Deflection.

The total design earthquake deflection at each floor of the

18.5.3.1 설계지진 층변위

해당 방향에서 구조물 각 층의 총설계지진변위는 기본모드 층변위와 잔류모드 층변위의 SRSS로서 계산되어야 한다. 해

structure in the direction of interest shall be calculated as the SRSS of the fundamental and residual mode floor deflections. The fundamental and residual mode deflections due to the design earthquake, δ_{i1D} and δ_{iRD}, at the center of rigidity of Level i of the structure in the direction of interest shall be determined using Eqs. 18.5-18 and 18.5-19 as follows :

당 방향에서 구조물 i레벨의 강성 중심에서 설계지진에 의한 기본모드 변위와 잔류모드 변위 δ_{i1D}, δ_{iRD}은 아래와 같이 식 18.5-18과 18.5-19를 이용하여 계산되어야 한다.

$$\delta_{i1D} = D_1 \phi_{i1} \tag{18.5-18}$$

$$\delta_{iRD} = D_R \phi_{iR} \tag{18.5-19}$$

where

D_{1D} = fundamental mode design displacement at the center of rigidity of the roof level of the structure in the direction under consideration, Section 18.5.3.2

D_{RD} = residual mode design displacement at the center of rigidity of the roof level of the structure in the direction under consideration, Section 18.5.3.2

여기서,

D_{1D} = 18.5.3.2절의 해당 방향에서 구조물의 지붕층 강성 중심에서의 기본모드 설계변위

D_{RD} = 18.5.3.2절의 해당 방향에서 구조물의 지붕층 강성 중심에서의 잔류모드 설계변위

18.5.3.2 Design Earthquake Roof Displacement.

Fundamental and residual mode

18.5.3.2 설계지진 지붕변위

해당 방향에서 지붕층 강성 중심의 설계지진에 의한 기본모드와 잔류모드 변위

displacements due to the design earthquake, D_{1D} and D_{1R}, at the center of rigidity of the roof level of the structure in the direction of interest shall be determined using Eqs. 18.5-20 and 18.5-21 as follows :

D_{1D}와 D_{1R}는 아래의 식 18.5-20과 18.5-21을 이용하여 결정되어야 한다 :

$$D_{iD} = \left(\frac{g}{4\pi^2}\right)\Gamma_1 \frac{S_{DS}T_{1D}^2}{B_{1D}} \geq \left(\frac{g}{4\pi^2}\right)\Gamma_1 \frac{S_{DS}T_1^2}{B_{1E}}, \quad T_{1D} < T_S \quad (18.5\text{-}20a)$$

$$D_{1D} = \left(\frac{g}{4\pi^2}\right)\Gamma_1 \frac{S_{D1}T_{1D}^2}{B_{1D}} \geq \left(\frac{g}{4\pi^2}\right)\Gamma_1 \frac{S_{D1}T_1^2}{B_{1E}}, \quad T_{1D} \geq T_S \quad (18.5\text{-}20b)$$

$$D_{RD} = \left(\frac{g}{4\pi^2}\right)\Gamma_R \frac{S_{D1}T_R}{B_R} \geq \left(\frac{g}{4\pi^2}\right)\Gamma_R \frac{S_{DS}T_R^2}{B_R} \quad (18.5\text{-}21)$$

18.5.3.3 Design Earthquake Story Drift.

Design earthquake story drifts, Δ_d, in the direction of interest shall be calculated using Eq. 18.5-22 as follows :

18.5.3.3 설계지진 층간변위

해당 방향에서 설계지진 층간변위 Δ_d은 아래의 식 18.5-22를 이용하여 계산되어야 한다.

$$\Delta_D = \sqrt{\Delta_{1D}^2 + \Delta_{RD}^2} \quad (18.5\text{-}22)$$

where

Δ_{1D} = design earthquake story drift due to the fundamental mode of vibration of the structure in the direction of interest

Δ_{RD} = design earthquake story drift due to the residual mode of

여기서,

Δ_{1D} = 해당 방향에서 구조물 진동의 기본모드에 의한 설계지진 층간변위

Δ_{RD} = 해당 방향에서 구조물 진동의 잔류모드에 의한 설계지진 층간변위

설계지진 모드 층간변위 Δ_{1D}와 Δ_{RD}은 18.5.3.1절의 층변위를 이용하여 층의 상

vibration of the structure in the direction of interest

부와 하부의 변위차로서 결정되어야 한다.

Modal design earthquake story drifts, Δ_{1D} and Δ_{RD}, shall be determined as the difference of the deflections at the top and bottom of the story under consideration using the floor deflections of Section 18.5.3.1.

18.5.3.4 Design Earthquake Story Velocity

18.5.3.4 설계지진 층간속도

Design earthquake story velocities, ∇_D, in the direction of interest shall be calculated in accordance with Eqs. 18.5-23 through 18.5-25 as follows :

대상 방향에서 설계지진 층간속도 ∇_D는 아래의 식 18.5-23에서 18.5-25까지에 따라 계산되어야 한다.

$$\nabla_D = \sqrt{(\nabla_{1D}^2 + \nabla_{RD}^2)} \quad (18.5\text{-}23)$$

$$\nabla_{1D} = 2\pi \frac{\Delta_{1D}}{T_{1D}} \quad (18.5\text{-}24)$$

$$\nabla_{RD} = 2\pi \frac{\Delta_{RD}}{T_R} \quad (18.5\text{-}25)$$

where

∇_{1D} = design earthquake story velocity due to the fundamental mode of vibration of the structure in the direction of interest

여기서,

∇_{1D} = 대상 방향에서 구조물의 진동 기본모드에 의한 설계지진 층속도

∇_{RD} = design earthquake story velocity due to the residual mode of vibration of the structure in the direction of interest

∇_{RD} = 대상 방향에서 구조물의 진동 잔류모드에 의한 설계지진 층속도

18.5.3.5 Maximum Considered Earthquake Response

Total and modal maximum earthquake floor deflections at Level i, design story drifts, and design story velocities shall be based on the equations in Sections 18.5.3.1, 18.5.3.3, and 18.5.3.4, respectively, except that design earthquake roof displacements shall be replaced by maximum earthquake roof displacements. Maximum earthquake roof displacements shall be calculated in accordance with Eqs. 18.5-26 and 18.5-27 as follows :

18.5.3.5 최대지진응답

설계지진 최상층 변위를 최대지진 최상층 변위로 대체하고 18.5.3.1절, 18.5.3.3절과 18.5.3.4절에 따라 최대급 지진에 대한 i층에서의 총 최대모드 층변위, 설계 층간변위와 설계 층간속도를 구해야 한다. 해당 방향에서 구조물의 최대지진 최상층 변위는 아래와 같이 식 18.5-26과 18.5-27에 따라 계산되어야 한다.

$$D_{1M} = \left(\frac{g}{4\pi^2}\right)\Gamma_1 \frac{S_{MS}T_{1M}^2}{B_{1M}} \geq \left(\frac{g}{4\pi^2}\right)\Gamma_1 \frac{S_{MS}T_1^2}{B_{1E}}, \quad T_{1M} < T_S \quad (18.5\text{-}26a)$$

$$D_{1M} = \left(\frac{g}{4\pi^2}\right)\Gamma_1 \frac{S_{M1}T_{1M}^2}{B_{1M}} \geq \left(\frac{g}{4\pi^2}\right)\Gamma_1 \frac{S_{M1}T_1^2}{B_{1E}}, \quad T_{1M} \geq T_S \quad (18.5\text{-}26b)$$

$$D_{RM} = \left(\frac{g}{4\pi^2}\right)\Gamma_R \frac{S_{M1}T_R}{B_R} \geq \left(\frac{g}{4\pi^2}\right)\Gamma_R \frac{S_{MS}T_R^2}{B_R} \quad (18.5\text{-}27)$$

where

S_{M1} = the maximum considered earthquake, 5 percent-damped,

여기서,

S_{M1} = 11.4.3절에 따라 결정된 5% 감쇠를 가정한 1초 주기의 최대급 지진

spectral response acceleration at a period of 1 s, determined in accordance with Section 11.4.3

S_{MS} = the maximum considered earthquake, 5 percent-damped, spectral response acceleration at short periods, determined in accordance with Section 11.4.3

B_{1M} = numerical coefficient as set forth in Table 18.6-1 for effective damping equal to $\beta_{mM}(m=1)$ and period of structure T_{1M}

스펙트럼 응답가속도

S_{MS} = 11.4.3절에 따라 결정된 5% 감쇠를 가정한 단주기에서의 최대급 지진 스펙트럼 응답가속도

B_{1M} = 유효감쇠 $\beta_{mM}(m=1)$와 구조물의 주기 T_{1M}에 대하여 표 18.6-1에서 정한 상수

18.6 DAMPED RESPONSE MODIFICATION

As required in Sections 18.4 and 18.5, response of the structure shall be modified for the effects of the damping system.

18.6 감쇠응답 수정

18.4와 18.5절에서 요구되는 바와 같이, 구조물의 응답은 제진장치의 효과에 따라 수정되어야 한다.

18.6.1 Damping Coefficient

Where the period of the structure is greater than or equal to T_0, the damping coefficient shall be as prescribed in Table 18.6-1. Where the period of the structure is less than T_0, the damping coefficient shall be linearly interpolated

18.6.1 감쇠계수

주기가 T_0과 같거나 큰 구조물의 감쇠계수는 표 18.6-1과 같아야 한다. 주기가 T_0보다 작은 구조물의 감쇠계수는 주기 0초에서 유효감쇠계수 1.0과 주기 T_0에서는 유효감쇠계수를 표 18.6-1의 값을 이용하여 선형 보간하여 구한다.

between a value of 1.0 at a 0-s period for all values of effective damping and the value at period T_0 as indicated in Table 18.6-1.

TABLE 18.6-1 DAMPING COEFFICIENT, B_{V+1}, B_{1D}, B_R, B_{1M}, B_{mD} or B_{mM}

Effective Damping β (percentage of critical)	B_{V+1}, B_{1D}, B_R, B_{1M}, B_{mD} or B_{mM} (where period of the structure ≥ T_0)	Effective Damping β (percentage of critical)	B_{V+1}, B_{1D}, B_R, B_{1M}, B_{mD} or B_{mM} (where period of the structure ≥ T_0)
≦2	0.8	50	2.4
5	1.0	60	2.7
10	1.2	70	3.0
20	1.5	80	3.3
30	1.8	90	3.6
40	2.1	≧100	4.0

18.6.2 Effective Damping

The effective damping at the design displacement, β_{mD}, and at the maximum displacement, β_{mM}, of the mth mode of vibration of the structure in the direction under consideration shall be calculated using Eqs. 18.6-1 and 18.6-2 as follows :

18.6.2 유효감쇠

해당 방향에 대해 구조물의 m차 진동모드의 설계변위에서의 유효감쇠 β_{mD}와 최대변위에서의 유효감쇠 β_{mM}는 다음 식 18.6-1과 18.6-2로 계산되어야 한다.

$$\beta_{mD} = \beta_I + \beta_{Vm}\sqrt{\mu_D} + \beta_{HD} \quad (18.6\text{-}1)$$

$$\beta_{mM} = \beta_I + \beta_{Vm}\sqrt{\mu_M} + \beta_{HM} \quad (18.6\text{-}2)$$

where

β_{HD} = component of effective damping of the structure in the direction of interest due to

여기서

β_{HD} = 유효연성비 μ_D에서 지진력저항시스템과 제진시스템 요소의 항복 후 이력거동에 의한 해당 방향에서 구조물

postyield hysteretic behavior of the seismic force-resisting system and elements of the damping system at effective ductility demand, μ_D

β_{HM} = component of effective damping of the structure in the direction of interest due to postyield hysteretic behavior of the seismic force-resisting system and elements of the damping system at effective ductility demand, μ_M

β_I = component of effective damping of the structure due to the inherent dissipation of energy by elements of the structure, at or just below the effective yield displacement of the seismic force-resisting system

β_{VM} = component of effective damping of the mth mode of vibration of the structure in the direction of interest due to viscous dissipation of energy by the damping system, at or just below the effective yield displacement of the seismic

의 유효감쇠 성분

β_{HM} = 유효연성비 μ_M에서 지진력 저항시스템과 제진시스템 요소의 항복 후 이력거동에 의한 해당 방향에서 구조물의 유효감쇠 성분

β_I = 지진력저항시스템의 유효항복변위 정도에서 구조물의 요소에 의한 에너지 소산에 따른 구조물의 유효감쇠 성분

β_{VM} = 지진력저항시스템의 유효항복변위 정도에서 제진시스템의 점성감쇠에 의한 해당 방향에서 구조물의 m차 진동모드의 유효감쇠 성분

μ_D = 설계지진에 의한 해당 방향으로의 지진력저항시스템의 유효연성비

μ_M = 최대급 지진에 의한 해당 방향으로의 지진력저항시스템의 유효연성비

force–resisting system

μ_D = effective ductility demand on the seismic force–resisting system in the direction of interest due to the design earthquake

μ_M = effective ductility demand on the seismic force–resisting system in the direction of interest due to the maximum considered earthquake

Unless analysis or test data supports others values, the effective ductility demand of higher modes of vibration in the direction of interest shall be taken as 1.0.

해석이나 실험 데이터가 다른 값들을 뒷받침하지 못한다면 대상 방향으로의 고차 진동모드의 유효연성비는 1.0으로 해야 한다.

18.6.2.1 Inherent Damping

Inherent damping, β_I, shall be based on the material type, configuration, and behavior of the structure and nonstructural components responding dynamically at or just below yield of the seismic force–resisting system. Unless analysis or test data supports other values, inherent damping shall be taken as not greater than 5 percent of critical for all modes of vibration.

18.6.2.1 고유감쇠

고유감쇠 β_I는 재료, 형상과 지진력저항시스템의 항복 시 또는 항복 직전에 해당하는 변위에서의 동적 거동을 하는 비구조체와 구조체의 거동에 근거해야 한다. 해석이나 실험 데이터가 다른 값들을 뒷받침하지 못하면 고유감쇠는 모든 진동모드에 대하여 임계감쇠의 5%보다 큰 값을 쓸 수 없다.

18.6.2.2 Hysteretic Damping

Hysteretic damping of the seismic force-resisting system and elements of the damping system shall be based either on test or analysis, or shall be calculated using Eqs. 18.6-3 and 18.6-4 as follows :

18.6.2.2 이력감쇠

지진력저항시스템과 제진시스템 요소의 이력감쇠는 실험이나 해석에 근거하거나 다음 식 18.6-3과 18.6-4를 사용하여 계산되어야 한다.

$$\beta_{HD} = q_H(0.64 - \beta_1)(1 - \frac{1}{\mu_D}) \qquad (18.6\text{-}3)$$

$$\beta_{HM} = q_H(0.64 - \beta_1)(1 - \frac{1}{\mu_M}) \qquad (18.6\text{-}4)$$

where

q_H = hysteresis loop adjustment factor, as defined in Section 18.6.2.2.1

μ_D = effective ductility demand on the seismic force-resisting system in the direction of interest due to the design earthquake, as defined in Section 18.6.3

μ_M = effective ductility demand on the seismic force-resisting system in the direction of interest due to the maximum considered earthquake, as defined in Section 18.6.3

여기서,

q_H = 18.6.2.2.1절에서 정의된 이력곡선 조정계수

μ_D = 18.6.3절에서 정의된 설계지진 시 해당 방향에서의 지진력저항시스템의 유효연성비

μ_M = 18.6.3절에서 정의된 최대급 지진 시 해당 방향에서의 지진력저항시스템의 유효연성비

Unless analysis or test data supports others values, the

해석이나 실험 데이터가 다른 값들을 뒷받침하지 못하면 해당 방향에서 고차

hysteretic damping of higher modes of vibration in the direction of interest shall be taken as zero.

진동모드의 이력감쇠는 0으로 해야 한다.

18.6.2.2.1 Hysteresis Loop Adjustment Factor

The calculation of hysteretic damping of the seismic force-resisting system and elements of the damping system shall consider pinching and other effects that reduce the area of the hysteresis loop during repeated cycles of earthquake demand. Unless analysis or test data support other values, the fraction of full hysteretic loop area of the seismic force-resisting system used for design shall be taken as equal to the factor, q_H, using Eq. 18.6-5 as follows :

18.6.2.2.1 이력곡선 조정계수

지진력저항시스템과 제진시스템 구성요소의 이력감쇠는 지진으로 인한 반복하중재하 동안 이력곡선의 면적을 감소시키는 핀칭(pinching)과 다른 요소 등의 영향을 고려하여 계산해야 한다. 해석이나 실험결과가 다른 값들을 뒷받침하지 못하면 설계에 사용되는 지진력저항시스템의 이력곡선 내 면적을 다음 식 18.6-5의 조정계수 q_H을 사용하여 감소시켜야 한다.

$$q_H = 0.67\frac{T_S}{T_1} \tag{18.6-5}$$

where

T_s = period defined by the ratio, S_{D1}/S_{DS}

T_1 = period of the fundamental mode of vibration of the structure in the direction of the interest

여기서,

T_s = S_{D1}/S_{DS}로 정의되는 주기

T_1 = 해당 방향에서 구조물의 기본 진동모드의 주기

The value of q_H shall not be taken as greater than 1.0 and need not be taken as less than 0.5.

이력곡선 조정계수 q_H의 값은 1.0보다 크지 않아야 하고 0.5보다 적을 필요는 없다.

18.6.2.3 Viscous Damping

Viscous damping of the mth mode of vibration of the structure, β_{Vm}, shall be calculated using Eqs.18.6-6 and 18.6-7 as follows :

18.6.2.3 점성감쇠

구조물의 m차 진동모드의 점성감쇠 β_{Vm}은 다음 식 18.6-6과 18.6-7을 사용하여 계산되어야 한다.

$$\beta_{Vm} = \frac{\sum_j W_{mj}}{4\pi W_m} \tag{18.6-6}$$

$$W_m = \frac{1}{2}\sum_j F_{im}\delta_{im} \tag{18.6-7}$$

where

W_{mj} = work done by j^{th} damping device in one complete cycle of dynamic response corresponding to the mth mode of vibration of the structure in the direction of interest at modal displacement, δ_{im}

W_m = maximum strain energy in the mth mode of vibration of the structure in the direction of interest at modal displacement, δ_{im}

F_{im} = m^{th} mode inertial force at Level i

δ_{im} = deflection of Level i in the mth mode of vibration at the

여기서,

W_{mj} = 해당 방향에서 구조물의 m차 진동모드의 모달변위 δ_{im}를 진폭으로 갖는 한 사이클의 조화응답 시 j 번째 제진장치가 한 일

W_m = 해당 방향에서 구조물의 m차 진동 모드의 모달변위 δ_{im}에서의 최대 변형 에너지

F_{im} = 레벨 i에서 m차 모드 관성력

δ_{im} = 해당 방향에 대한 구조물의 m차 진동모드에서 레벨 i의 강성 중심에서의 변위

center of rigidity of the structure in the direction under consideration

Viscous modal damping of displacement-dependent damping devices shall be based on a response amplitude equal to the effective yield displacement of the structure.

변위의존형 제진장치의 점성모드감쇠는 구조물의 유효항복변위와 같은 응답 진폭에 근거해야 한다.

The calculation of the work done by individual damping devices shall consider orientation and participation of each device with respect to the mode of vibration of interest. The work done by individual damping devices shall be reduced as required to account for the flexibility of elements, including pins, bolts, gusset plates, brace extensions, and other components that connect damping devices to other elements of the structure.

개별 제진장치가 한 일은 각 진동모드에 대하여 장치의 방향과 참여도를 고려하여 계산되어야 한다. 핀, 볼트, 거싯 플레이트, 가새 연결재 그리고 제진장치와 구조물의 다른 요소를 연결하는 다른 성분들을 포함하는 요소들의 강성(또는 유연도)을 고려하여 개별 제진장치가 한 일을 감소시켜야 한다.

18.6.3 Effective Ductility Demand

The effective ductility demand on the seismic force-resisting system due to the design earthquake, μ_D, and due to the maximum considered

18.6.3 유효연성 요구

설계지진과 최대급 지진에 대한 지진력 저항시스템의 유효요구 연성비 μ_D와 μ_M는 다음 식 18.6-8, 18.6-9 및 18.6-10을 사용하여 계산되어야 한다.

earthquake, μ_M, shall be calculated using Eqs. 18.6-8, 18.6-9, and 18.6-10 as follows :

$$\mu_D = \frac{D_{1D}}{D_Y} \geq 1.0 \tag{18.6-8}$$

$$\mu_M = \frac{D_{1M}}{D_Y} \geq 1.0 \tag{18.6-9}$$

$$D_Y = \left(\frac{g}{4\pi^2}\right)\left(\frac{\Omega_0 C_D}{R}\right)\Gamma_1 C_{S1} T_1^2 \tag{18.6-10}$$

where

D_{1D} = fundamental mode design displacement at the center of rigidity of the roof level of the structure in the direction under consideration, Section 18.4.3.2 or 18.5.3.2

D_{1M} = fundamental mode maximum displacement at the center of rigidity of the roof level of the structure in the direction under consideration, Section 18.4.3.5 or 18.5.3.5

D_Y = displacement at the center of rigidity of the roof level of the structure at the effective yield point of the seismic force-resisting system

R = response modification

여기서,

D_{1D} = 18.4.3.2절 또는 18.5.3.2절에서 주어진 해당 방향에서 구조물의 지붕층 강성 중심에서의 기본진동모드 설계변위

D_{1M} = 18.4.3.5절 또는 18.5.3.5절에서 주어진 해당 방향에서 구조물의 지붕층 강성 중심에서의 기본진동모드 최대변위

D_Y = 지진력저항시스템의 유효항복점에서 구조물의 지붕층 강성 중심에서의 변위

R = 표 12.2-1의 반응수정계수

C_d = 표 12.2-1의 변위증폭계수

Ω_0 = 표 12.2-1의 시스템 초과강도계수

Γ_1 = 18.4.2.3절 또는 18.5.2.3절에서 주어진 해당 방향에서 구조물 기본진동모드(m = 1)의 참여계수

C_{S1} = 18.4.2.3절 또는 18.5.2.3절에

coefficient from Table 12.2–1

C_d = deflection amplification factor from Table 12.2–1

Ω_0 = system overstrength factor from Table 12.2–1

Γ_1 = participation factor of the fundamental mode of vibration of the structure in the direction of interest, Section 18.4.2.3 or 18.5.2.3 (m=1)

C_{S1} = seismic response coefficient of the fundamental mode of vibration of the structure in the direction of interest, Section 18.4.2.4 or 18.5.2.4 (m=1)

T_1 = period of the fundamental mode of vibration of the structure in the direction of interest

서 주어진 해당 방향에서 구조물 기본진동모드(m = 1)의 지진응답계수

T_1 = 해당 방향에서 구조물 기본진동모드의 주기

The design earthquake ductility demand, μ_D, shall not exceed the maximum value of effective ductility demand, μ_{max}, given in Section 18.6.4

설계지진 요구연성비 μ_D는 18.6.4절에 주어진 최대유효요구연성비 μ_{max}를 초과해서는 안 된다.

18.6.4 Maximum Effective Ductility Demand

For determination of the hysteresis loop adjustment factor,

18.6.4 최대유효연성 요구

이력곡선 조정계수, 이력감쇠와 다른 변수 결정 시, 최대유효요구연성비 μ_{max}은 다음 식 18.6–11과 18.6–12를 사용

hysteretic damping, and other parameters, the maximum value of effective ductility demand, μ_{max}, shall be calculated using Eqs. 18.6−11 and 18.6−12 as follows :

하여 계산되어야 한다.

$$\text{For } T_{1D} \leq T_S,\ \mu_{max} = \frac{1}{2}\left(\left(\frac{R}{\Omega_0 I}\right)^2 + 1\right) \quad (18.6\text{−}11)$$

$$\text{For } T_1 \geq T_S,\ \mu_{max} = \frac{R}{\Omega_0 I} \quad (18.6\text{−}12)$$

where

I = the occupancy importance factor determined in accordance with Section 11.5.1

T_{1D} = effective period of the fundamental mode of vibration of the structure at the design displacement in the direction under consideration

여기서

I = 11.5.1절에 따라 결정되는 중요도 계수

T_{1D} = 해당 방향의 설계변위에서의 구조물의 기본 진동모드의 유효주기

For $T_1 < T_s < T_{1D}$, μ_{max} shall be determined by linear interpolation between the values of Eqs. 18.6−11 and 18.6−12.

$T_1 < T_s < T_{1D}$인 경우, μ_{max}는 식 18.6−11과 18.6−12의 값 사이에서 직선 보간에 의하여 결정되어야 한다.

18.7 SEISMIC LOAD CONDITIONS AND ACCEPTANCE CRITERIA

For the nonlinear procedures of Section 18.3 the seismic force−resisting system, damping system, load conditions, and

18.7 지진하중조건과 수용조건

18.3절의 비선형 절차에 있어서 지진력저항시스템, 제진시스템, 하중조건과 응답변수의 허용기준은 18.7.1절을 따라야 한다. 18.4절의 응답 스펙트럼 절차나 18.5절의 등가횡력 절차에 따라 결정된

acceptance criteria for response parameters of interest shall conform with Section 18.7.1. Design forces and displacements determined in accordance with the response spectrum procedure of Section 18.4 or the equivalent lateral force procedure of Section 18.5 shall be checked using the strength design criteria of this standard and the seismic loading conditions of Section 18.7.1 and 18.7.2.

설계력과 변위는 이 기준의 강도설계기준과 18.7.1과 18.7.2절의 지진하중조건을 사용하여 검토되어야 한다.

18.7.1 Nonlinear Procedures

Where nonlinear procedures are used in analysis, the seismic force-resisting system, damping system, seismic loading conditions, and acceptance criteria shall conform to the following subsections.

18.7.1 비선형 절차

해석에 비선형 절차를 사용하는 경우 지진력저항시스템, 제진시스템, 하중조건과 허용기준은 다음 절을 따라야 한다.

18.7.1.1 Seismic Force-Resisting System

The seismic force-resisting system shall satisfy the strength requirements of Section 12.2.1 using the seismic base shear, V_{min}, as given by Section 18.2.2.1. The

18.7.1.1 지진력저항시스템

지진력저항시스템은 18.2.2.1절에 주어진 지진 밑면전단력 V_{min}을 사용하여 12.2.1절의 강도 요구조건을 만족해야 한다. 층간변위는 설계지진을 사용하여 결정되어야 한다.

story drift shall be determined using the design earthquake.

18.7.1.2 Damping System

The damping devices and their connections shall be sized to resist the forces, displacements, and velocities from the maximum considered earthquake.

18.7.1.2 제진시스템

제진장치와 접합부는 최대급 지진에서의 힘, 변위 및 속도에 충분한 저항력을 발휘할 수 있도록 설계되어야 한다.

18.7.1.3 Combination of Load Effects

The effects on the damping system due to gravity and seismic forces shall be combined in accordance with Section 12.4 using the effect of horizontal seismic forces, Q_E, determined in accordance with the analysis. The redundancy factor, ρ, shall be taken equal to 1.0 in all cases and the seismic load effect with overstrength of Section 12.4.3 need not apply to the design of the damping system.

18.7.1.3 하중효과의 조합

연직하중과 지진력의 제진시스템에 대한 효과는 해석에 의해 결정된 수평지진력 Q_E를 사용하여 12.4절에 따라 조합되어야 한다. 과잉력 계수 ρ는 모든 경우에 대해 1.0이어야 하고, 12.4.3절의 초과강도에 대한 지진하중효과는 제진시스템 설계에 반영할 필요가 없다.

18.7.1.4 Acceptance Criteria for the Response Parameters of Interest

The damping system components shall be evaluated using the strength design criteria of this

18.7.1.4 대상 응답변수에 대한 수용조건

제진시스템의 구성부재는 지진하중조건과 $\phi = 1.0$으로 결정된 지진하중과 하중조건을 사용한 본 기준의 강도설계기준에 의해 평가되어야 한다. 비선형 절차에서

standard using the seismic forces and seismic loading conditions determined from the nonlinear procedures and ϕ=1.0. The member of the seismic force-resisting system need not be evaluated where using the nonlinear procedure forces.

는 지진력저항시스템의 부재력을 별도로 평가할 필요가 없다.

18.7.2 Response Spectrum and Equivalent Lateral Force Procedures

Where response spectrum and equivalent lateral force procedures are used in analysis, the seismic force-resisting system, damping system, seismic loading conditions, and acceptance criteria shall conform to the following subsections.

18.7.2 응답 스펙트럼과 등가 수평력 절차

해석에서 응답 스펙트럼과 등가횡력 절차를 사용하는 경우 지진력저항시스템, 제진시스템, 지진하중조건과 허용기준은 다음 절을 만족해야 한다.

18.7.2.1 Seismic Force-Resisting System

The seismic force-resisting system shall satisfy the requirements of Section 12.2.1 using seismic base shear and design forces determined in accordance with Section 18.4.2 or 18.5.2.

The design earthquake story drift, Δ_D, as determined in either Section

18.7.2.1 지진력저항시스템

지진력저항시스템은 18.4.2절 또는 18.5.2절에 따라 결정된 지진 밑면전단력과 설계력을 사용하여 12.2.1절의 요구조건을 만족해야 한다.

18.4.3.3절이나 18.5.3.3절에서 결정되는 설계지진 층간변위 Δ_D는 12.12.1절의 비틀림 효과를 고려하여 표 12.12-1로부터 얻어지는 허용층간변위에 (R/C_d)

18.4.3.3 or 18.5.3.3 shall not exceed (R/C_d) times the allowable story drift, as obtained from Table 12.12-1, considering the effects of torsion as required in Section 12.12.1.

를 곱한 값을 초과해서는 안 된다.

18.7.2.2 Damping System

The damping system shall satisfy the requirements of Section 12.2.1 for seismic design forces and seismic loading conditions determined in accordance with this section.

18.7.2.2 제진시스템

제진시스템은 이 절에 따라 결정된 지진 설계력과 지진하중조건에 대하여 12.2.1절의 요구조건을 만족해야 한다.

18.7.2.3 Combination of Load Effects

The effects on the damping system and its components due to gravity loads and seismic forces shall be combined in accordance with Section 12.4 using the effect of horizontal seismic forces, Q_E, determined in accordance with Section 18.7.2.5. The redundancy factor, ρ, shall be taken equal to 1.0 in all cases and the seismic load effect with over- strength of Section 12.4.3 need not apply to the design of the damping system.

18.7.2.3 하중효과의 조합

연직하중과 지진력의 제진시스템에 대한 효과는 18.7.2.5절에 따라 결정된 수평지진력 Q_E를 사용하여 12.4절에 따라 조합되어야 한다. 과잉력 계수 ρ는 모든 경우에 대해 1.0이어야 하고, 12.4.3절의 초과강도에 대한 지진하중효과는 제진시스템 설계에 반영할 필요가 없다.

18.7.2.4 Modal Damping System Design Forces

Modal damping system design forces shall be calculated on the basis of the type of damping devices and the modal design story displacements and velocities determined in accordance with either Section 18.4.3 or 18.5.3.

Modal design story displacements and velocities shall be increased as required to envelop the total design story displacements and velocities determined in accordance with Section 18.3 where peak response is required to be confirmed by response history analysis.

1. **Displacement-dependent damping devices** : Design seismic force in displacement-dependent damping devices shall be based on the maximum force in the device at displacements up to and including the design earthquake story drift, Δ_D.
2. **Velocity-dependent damping devices** : Design seismic force in each mode of vibration in

18.7.2.4 제진시스템의 모드설계력

제진시스템의 모드설계력은 제진장치의 종류와 18.4.3절이나 18.5.3절에 따라 결정된 모드설계 층간변위와 속도에 따라 계산되어야 한다.

응답이력해석에 의하여 최대응답을 확인해야 하는 경우, 모드설계 층간변위와 속도는 18.3절에 따라 결정된 전체 설계 층간변위와 속도를 포락할 수 있도록 증가시켜야 한다.

1. **변위의존형 제진장치** : 변위의존형 제진장치의 설계 지진력은 설계지진 시 층간변위 Δ_D와 이에 도달하기까지 장치에서 발생하는 최대력에 근거해야 한다.
2. **속도의존형 제진장치** : 각 진동모드에서 속도의존형 제진장치의 설계 지진력은 해당 모드에 대한 설계지진 층간

velocity-dependent damping devices shall be based on the maximum force in the device at velocities up to and including the design earthquake story velocity for the mode of interest.

속도와 이에 도달하기까지 장치에서 발생하는 최대력에 근거해야 한다.

Displacements and velocities used to determine design forces in damping devices at each story shall account for the angle of orientation of the damping device from horizontal and consider the effects of increased floor response due to torsional motions.

각 층에 위치한 제진장치의 설계력을 결정하는 데 사용되는 변위와 속도는 수평에 대한 제진장치의 방향각을 고려해야 하고, 비틀림에 의해 증가되는 층응답의 효과를 고려해야 한다.

18.7.2.5 Seismic Load Conditions and Combination of Modal Reponses

Seismic design force, Q_E, in each element of the damping system due to horizontal earthquake load shall be taken as the maximum force of the following three loading conditions :

18.7.2.5 지진하중조건과 모달응답의 조합

수평방향 지진하중에 의한 제진시스템 구성요소의 설계 지진력 Q_E는 다음 세 가지 하중조건 중 최대력으로 해야 한다.

1. **Stage of maximum displacement** : Seismic design force at the stage of maximum displacement shall be calculated in accordance with Eq. 18.7-1 as follows :

1. **최대변위 단계** : 최대변위 단계에서 설계지진은 다음 식 18.7-1에 따라 계산되어야 한다.

$$Q_E = \Omega_0 \sqrt{\sum_m (Q_{mSFRS})^2} \pm Q_{DSD} \qquad (18.7\text{-}1)$$

where

Q_{mSFRS} = force in an element of the damping system equal to the design seismic force of the mth mode of vibration of the seismic force- resisting system in the direction of interest

Q_{DSD} = force in an element of the damping system required to resist design seismic forces of displacement-dependent damping devices

여기서,

Q_{mSFRS} = 해당 방향에서 지진력 저항 시스템의 m차 진동모드 시 설계 지진력과 같은 제진시스템 구성요소의 힘

Q_{DSD} = 변위의존형 제진장치의 설계 지진력을 저항하기 위해 필요한 제진시스템 구성요소의 힘

Seismic forces in elements of the damping system, Q_{DSD}, shall be calculated by imposing design forces of displacement-dependent damping devices on the damping system as pseudostatic forces. Design seismic forces of displacement-dependent damping devices shall be applied in both positive and negative directions at peak displacement of the structure.

제진시스템 구성요소의 지진력 Q_{DSD}은 제진시스템 내 변위의존형 제진장치의 설계력을 의사 정적력으로 부과함으로써 계산되어야 한다. 구조물의 최대변위에서 변위의존형 제진장치의 설계 지진력을 양과 음 양방향으로 작용해야 한다.

2. **Stage of maximum velocity** : Seismic design force at the stage of maximum velocity

2. **최대속도 단계** : 최대속도 단계에서 설계 지진력은 다음의 식 18.7-2에 따라 계산되어야 한다.

shall be calculated in accordance with Eq. 18.7-2 as follows :

$$Q_E = \sqrt{\sum_m (Q_{mDSV})^2} \quad (18.7\text{-}2)$$

where

Q_{mDSV} = force in an element of the damping system required to resist design seismic forces of velocity-dependent damping devices due to the mth mode of vibration of structure in the direction of interest

여기서,

Q_{mDSV} = 해당 방향에서 구조물의 m 차 진동 모드에 의한 속도의존형 제진장치의 설계 지진력을 저항하기 위해 필요한 제진시스템 구성요소의 힘

Modal seismic design forces in elements of the damping system, Q_{mDSV}, shall be calculated by imposing modal design forces of velocity-dependent devices on the non-deformed damping system as pseudostatic forces. Modal seismic design forces shall be applied in directions consistent with the deformed shape of the mode of interest. Horizontal restraint forces shall be applied at each floor Level i of the non-deformed damping system concurrent with the design forces in velocity-dependent damping devices such that the horizontal displacement at each

제진시스템 구성요소의 모드 설계 지진력, Q_{mDSV}은 의사 정적력으로 변형 전 제진시스템 내 속도의존형 장치의 모드 설계력을 부과하여 계산되어야 한다. 모드 설계 지진력은 해당 모드의 변형형태와 일치하는 방향으로 작용되어야 한다. 수평 구속력을 속도의존형 제진장치의 설계력과 동시에 변형 전 제진시스템의 각 층에 작용시켜 구조물 각 층의 수평변위가 0이 되도록 한다. 각 층에서의 구속력은 각 질량점의 위치에 비례하여 작용해야 한다.

level of the structure is zero. At each floor Level i, restraint forces shall be proportional to and applied at the location of each mass point.

3. **Stage of maximum acceleration** : Seismic design force at the stage of maximum acceleration shall be calculated in accordance with Eq. 18.7-3 as follows :

3. **최대가속도 단계** : 최대가속도 단계에서 설계 지진력은 다음 식 18.7-3에 따라 계산되어야 한다.

$$Q_E = \sqrt{\sum_m (C_{mFD}\Omega_o Q_{mSFRS} + C_{mFV}Q_{mDSV})^2} \pm Q_{DSD} \qquad (18.7\text{-}3)$$

The force coefficients, C_{mFD} and C_{mFV}, shall be determined from Tables 18.7-1 and 18.7-2, respectively, using values of effective damping determined in accordance with the following requirements :

하중계수 C_{mFD}와 C_{mFV}는 다음의 요구 조건에 따라 결정되는 유효감쇠 값을 사용하여 표 18.7-1과 18.7-2로부터 결정된다.

TABLE 18.7-1 FORCE COEFFICIENT, $C_{mFD}^{a,b}$

Effective Damping	$\mu \le 1.0$				$C_{mFD}=1.0^c$
	$\alpha \le 0.25$	$\alpha = 0.5$	$\alpha = 0.75$	$\alpha \ge 1.0$	
≤0.05	1.00	1.00	1.00	1.00	$\mu \ge 1.0$
0.1	1.00	1.00	1.00	1.00	$\mu \ge 1.0$
0.2	1.00	0.95	0.94	0.93	$\mu \ge 1.1$
0.3	1.00	0.92	0.88	0.86	$\mu \ge 1.2$
0.4	1.00	0.88	0.81	0.78	$\mu \ge 1.3$
0.5	1.00	0.84	0.73	0.71	$\mu \ge 1.4$
0.6	1.00	0.79	0.64	0.64	$\mu \ge 1.6$
0.7	1.00	0.75	0.55	0.58	$\mu \ge 1.7$
0.8	1.00	0.70	0.50	0.53	$\mu \ge 1.9$
0.9	1.00	0.66	0.50	0.50	$\mu \ge 2.1$
≥1.0	1.00	0.62	0.50	0.50	$\mu \ge 2.2$

a) Unless analysis or test data support other values, the force coefficient C_{mFD} for viscoelastic systems shall be taken as 1.0.

b) Interpolation shall be used for intermediate values of velocity exponent, α, and ductility demand, μ.

c) C_{mFD} shall be taken equal to 1.0 for values of ductility demand, μ, greater than equal to the values shown.

a) 해석이나 실험결과가 다른 값들은 뒷받침하지 못하면 점탄성 시스템에 대한 하중계수 C_{mFD}는 1.0으로 해야 한다.

b) 속도지수 α와 연성요구 μ의 중간값에 대해서는 직선보간하여 사용해야 한다.

c) 표에 나타난 값 이상의 요구연성비 μ에 대하여 C_{mFD}는 1.0으로 해야 한다.

TABLE 18.7-2 FORCE COEFFICIENT, $C_{mFV}^{a,b}$

Effective Damping	$\alpha \le 0.25$	$\alpha = 0.5$	$\alpha = 0.75$	$\alpha \ge 1.0$
≤ 0.05	1.00	0.35	0.20	0.10
0.1	1.00	0.44	0.31	0.20
0.2	1.00	0.56	0.46	0.37
0.3	1.00	0.64	0.58	0.51
0.4	1.00	0.70	0.69	0.62
0.5	1.00	0.75	0.77	0.71
0.6	1.00	0.80	0.84	0.77
0.7	1.00	0.83	0.90	0.81
0.8	1.00	0.90	0.94	0.90
0.9	1.00	1.00	1.00	1.00
≥ 1.0	1.00	1.00	1.00	1.00

For fundamental-mode response ($m = 1$) in the direction of interest, the coefficients, C_{1FD} and C_{1FV}, shall be based on the velocity exponent, α, that relates device force to damping device velocity.

해당 방향의 기본모드 응답($m = 1$)에 대하여 C_{1FD}와 C_{1FV}는 장치력과 제진장치 속도와 관계가 있는 속도지수 α에 따라 결정되어야 한다. 유효 기본모드감쇠는 해당 응답레벨($\mu = \mu_D$ 또는 $\mu = \mu_M$)

The effective fundamental-mode damping, shall be taken equal to the total effective damping of the fundamental mode less the hysteretic component of damping ($\beta_{1D} - \beta_{HD}$ or $\beta_{1M} - \beta_{HM}$) at the response level of interest ($\mu = \mu_D$ or $\mu = \mu_M$).

For higher-mode($m > 1$) or residual-mode response in the direction of interest, the coefficients, C_{mFD} and C_{mFV}, shall be based on a value of α equal to 1.0. The effective modal damping shall be taken equal to the total effective damping of the mode of interest(β_{mD} or β_{mV}). For determination of the coefficient C_{mFD}, the ductility demand shall be taken equal to that of the fundamental mode ($\mu = \mu_D$ or $\mu = \mu_M$).

a) Unless analysis or test data support other values, the force coefficient C_{mFD} for viscoelastic systems shall be taken as 1.0.

b) Interpolation shall be used

에서 감쇠의 이력 성분을 제한 기본모드의 총 유효감쇠($\beta_{1D} - \beta_{HD}$ 또는$\beta_{1M} - \beta_{HM}$)와 같아야 한다.

고차모드($m > 1$) 또는 잔류모드 응답에 대하여 하중계수 C_{mFD}와 C_{mFV}는 $\alpha = 1.0$에 근거하여 산정되어야 한다. 유효모드감쇠는 해당 모드의 총 유효감쇠(β_{mD} 또는 β_{mV})와 같아야 한다. 하중계수 C_{mFD}를 결정함에 있어 요구 연성비는 기본모드의 요구연성비($\mu = \mu_D$ or $\mu = \mu_M$)와 같아야 한다.

a) 해석이나 실험결과가 다른 값들은 뒷받침하지 못하면 점탄성 시스템에 대한 하중계수 C_{mFD}는 1.0으로 해야 한다.

b) 속도지수 α와 연성요구 μ의 중간

forintermediate values of velocity exponent, α, and ductility demand, μ.

값에 대해서는 직선 보간하여 사용해야 한다.

18.7.2.6 Inelastic Response Limits

Elements of the damping system are permitted to exceed strength limits for design loads provided it is shown by analysis or test that

1. Inelastic response does not adversely affect damping system function.
2. Element forces calculated in accordance with Section 18.7.2.5, using a value of Ω_0, taken equal to 1.0, do not exceed the strength required to satisfy the load combinations of Section 12.4.

18.7.2.6 비탄성 응답 한계

제진시스템 구성요소들은 해석이나 실험에 의해 다음 사항이 증명되는 경우 설계하중에 대한 강도 한계를 초과할 수 있다.

1. 비탄성 응답이 제진시스템의 역할에 해로운 영향을 주지 않을 경우
2. $\Omega_0 = 1.0$을 사용하여 18.7.2.5절에 따라 계산된 요소력이 12.4절의 하중조합을 만족하는 요구내력을 초과하지 않는 경우

18.8 DESIGN REVIEW

A design review of the damping system and related test programs shall be performed by an independent team of registered design professionals in the appropriate disciplines and others experienced in seismic analysis methods and the theory and application of energy dissipation

18.8 설계 검토

제진시스템의 설계 검토와 관련된 일련의 실험은 해당 분야의 등록된 설계 전문가와 지진해석법과 에너지 소산 시스템의 이론과 적용에 경험이 있는 전문가로 구성된 독립된 집단에 의해 수행되어야 한다.

systems.

The design review shall include, but need not be limited to the following :

1. Review of site-specific seismic criteria including the development of the site-specific spectra and ground motion histories and all other project specific design criteria.
2. Review of the preliminary design of the seismic force-resisting system and the damping system, including design parameters of damping devices.
3. Review of the final design of the seismic force-resisting system and the damping system and all surrounding analyses.
4. Review of damping device test requirements, device manufacturing quality control and assurance, and scheduled maintenance and inspection requirements.

설계 검토는 최소한 다음 사항을 포함해야 한다.

1. 부지 고유 스펙트럼, 지반운동 기록 생성과 모든 프로젝트 고유 상세 설계 기준을 포함하는 부지 고유 내진기준의 검토
2. 제진장치의 설계변수를 포함하는 지진력저항시스템과 제진시스템의 예비설계의 검토
3. 지진력저항시스템, 제진시스템의 최종 설계와 해석에 관련된 모든 사항의 검토
4. 제진장치실험 요구조건, 장치의 품질관리와 보증, 유지관리 일정과 점검사항의 검토

18.9 TESTING

The force-velocity displacement and damping properties used for the

18.9 실험

제진시스템 설계에 사용된 힘-속도 또는 변위관계와 감쇠특성은 이 절에 규정

design of the damping system shall be based on the prototype tests as specified in this section.

The fabrication and quality control procedures used for all prototype and production damping devices shall be identical.

된 바와 같은 프로토타입의 실험에 따라야 한다.

모든 프로토타입과 제진장치 제품에 사용되는 제작과 품질관리 절차는 동일해야 한다.

18.9.1 Prototype Tests.

The following tests shall be performed separately on two full-size damping devices of each type and size used in the design, in the order listed as follows.

Representative sizes of each type of device are permitted to be used for prototype testing, provided both of the following conditions are met :

1. Fabrication and quality control procedures are identical for each type and size of devices used in the structure.
2. Prototype testing of representative sizes is accepted by the registered design professional responsible for design of the structure.

Test specimens shall not be used

18.9.1 프로토타입 실험

아래에 열거된 순서에 따라 설계에 사용된 종류와 크기별 각각 두 개의 실대형 제진장치에 대한 실험들을 실시해야 한다.

다음 두 조건을 모두 만족하는 경우, 각 종류별로 대표 크기의 제진장치만 프로토타입 실험을 할 수 있다.

1. 구조물에 사용되는 장치의 종류와 크기별로 제조와 품질관리 절차가 동일한 경우
2. 구조물의 설계에 책임이 있는 등록된 전문가가 대표 크기에 대한 프로토타입 실험을 허락한 경우

구조물의 설계에 책임이 있는 등록된

for construction, unless they are accepted by the registered design professional responsible for design of the structure and meet the requirements for prototype and production tests.

전문가에 의해 허락을 득한다면 프로토타입과 제품 실험에 대한 요구조건과 부합하는 실험체는 구조물에 사용할 수 있다.

18.9.1.1 Data Recording.

The force-deflection relationship for each cycle of each test shall be recorded.

18.9.1.1 데이터 기록

각 시험체의 각 사이클별 힘-변위 관계는 기록되어야 한다.

18.9.1.2 Sequence and Cycles of Testing.

For the following test sequences each damping device shall be subjected to gravity load effects and thermal environments representative of the installed condition. For seismic testing, the displacement in the devices calculated for the maximum considered earthquake, termed herein as the maximum earthquake device displacement, shall be used.

18.9.1.2 실험순서와 사이클

다음 실험에는 각 제진장치의 설치 후 중력하중효과와 온도환경을 반영해야 한다. 최대급 지진 시 장치의 변위(여기서는 최대지진장치 변위)를 지진실험에 사용해야 한다.

1. Each damping device shall be subjected to the number of cycles expected in the design windstorm, but not less than

1. 각 제진장치는 설계 풍하중에서 예상되는 사이클 수 또는 2,000회의 연속적인 반복 사이클 중 큰 값에 대한 풍하중의 실험이 요구된다. 설계풍하중

2,000 continuous fully reversed cycles of wind load. Wind load shall be at amplitudes expected in the design wind storm, and applied at a frequency equal to the inverse of the fundamental period of the building($f_1 = 1/T_1$).

시의 진폭과 건물의 기본주기의 역수와 같은 진동수($f_1 = 1/T_1$)의 풍하중을 실험체에 작용해야 한다.

EXCEPTION : Damping devices need not be subjected to these tests if they are not subject to wind-induced forces or displacements or if the design wind force is less than the device yield or slip force.

예외사항 : 제진장치가 바람에 의해 발생하는 힘이나 변위를 받지 않거나 설계풍력이 장치의 항복하중이나 미끄러짐하중보다 작으면 제진장치는 이 실험을 할 필요가 없다.

2. Each damping device shall be loaded with five fully reversed, sinusoidal cycles at the maximum earthquake device displacement at a frequency equal to $1/T_{1M}$ as calculated in Section 18.4.2.5. Where the damping device characteristics vary with operating temperature, these tests shall be conducted at a minimum of three temperature(minimum, ambient, and maximum) that bracket the range of operating temperatures.

2. 18.4.2.5절에서 계산된 $1/T_{1M}$와 같은 진동수와 5회의 최대지진장치 변위의 진폭을 가지는 변위이력을 실험에 사용해야 한다. 제진장치 특성이 작동온도에 따라 변하는 경우, 작동온도 범위를 포괄하는 최소한 세 가지의 온도(최소온도, 상시온도 그리고 최대온도)에서 실험을 수행해야 한다.

EXCEPTION : Damping devices are permitted to be tested by alternative methods provided all of the following conditions are met :

예외사항 : 다음의 모든 조건을 만족한다면 대안실험이 가능하다.

a. Alternative methods of testing are equivalent to the cyclic testing requirements of this section.

a. 대안실험 방법이 이 절의 반복실험 조건과 동일한 경우

b. Alternative methods capture the dependence of the damping device response on ambient temperature, frequency of loading, and temperature rise during testing.

b. 대안실험 방법이 실험이 진행되는 동안 상시 온도, 하중 진동수 및 온도 상승에 대한 제진장치 응답의 의존성을 고려할 수 있는 경우

c. Alternative methods are accepted by the registered design professional responsible for the design of the structure.

c. 대안실험 방법이 구조물의 설계에 책임을 지는 등록된 전문가의 허가를 득한 경우

3. If the force-deformation properties of the damping device at any displacement less than or equal to the maximum earthquake device displacement change by more than 15 percent for changes in testing frequency from $1/T_{1M}$ to $2.5/T_1$, then the preceding tests shall also be

3. 최대지진장치 변위 이하의 임의의 변위에서 제진장치의 힘-변형 특성이 $1/T_{1M}$부터 $2.5/T_1$까지의 실험 진동수 변화에 대해 15퍼센트 이상 변한다면, 앞선 실험(1과 2실험)은 진동수 $1/T_{1M}$과 $2.5/T_1$에서도 수행되어야 한다.

performed at frequencies equal to $1/T_{1M}$ and $2.5/T_1$.

If reduced-scale prototypes are used to qualify the rate dependent properties of damping devices, the reduced-scale prototypes should be of the same type and material, and manufactured with the same processes and quality control procedures, as full-scale prototypes, and tested at similitude-scaled frequency that represents the full-scale loading rates.

축소 프로토타입으로 제진장치의 비율 의존성을 측정하고자 한다면, 축소 프로토타입은 실대형 프로토타입과 동일한 종류와 재료를 사용하여 동일한 절차와 품질관리 절차에 따라 제작되어야 하며, 실대형 하중속도를 대표할 수 있는 상사 진동수에 따라 실험되어야 한다.

18.9.1.3 Testing Similar Devices.

Damping devices need not be prototype tested provided that both of the following conditions are met :

1. All pertinent testing and other damping device data are made available to, and are accepted by the registered design professional responsible for the design of the structure.
2. The registered design professional substantiates the similarity of the damping device to previously tested devices.

18.9.1.3 실험 유사장치

다음의 두 조건을 만족하는 경우 프로토타입 제진장치 실험을 수행할 필요가 없다.

1. 구조물의 설계에 책임이 있는 등록된 전문가가 모든 관련 실험과 데이터를 열람할 수 있고, 이에 대한 허가를 득한 경우
2. 등록된 전문가가 제진장치와 사전에 실험이 수행된 장치 사이의 유사성을 인정한 경우

18.9.1.4 Determination of Force–Velocity– Displacement Characteristics

The force–velocity–displacement characteristics of a damping device shall be based on the cyclic load and displacement tests of prototype devices specified in the preceding text. Effective stiffness of a damping device shall be calculated for each cycle of deformation using Eq. 17.8–1.

18.9.1.4 힘–속도–변위 특성의 결정

제진장치의 힘–속도–변위 특성은 앞에서 규정된 프로토타입 장치의 반복하중과 변위실험에 근거해야 한다. 제진장치의 유효강성은 식 17.8–1을 사용하여 각 진폭레벨에 대해 계산되어야 한다.

18.9.1.5 Device Adequacy

The performance of a prototype damping device shall be deemed adequate if all of the conditions listed below are satisfied. The 15 percent limits specified in the following text are permitted to be increased by the registered design professional responsible for the design of the structure provided that the increased limit has been demonstrated by analysis not to have a deleterious effect on the response of the structure.

18.9.1.5 장치 적정성

아래에 열거된 모든 조건이 만족된다면 프로토타입 제진장치의 성능은 적정하다고 간주되어야 한다.

증가된 제한치가 구조물의 응답에 해로운 효과를 주지 않음이 해석에 의해 증명된다면, 구조물의 설계에 책임이 있는 등록된 전문가는 다음에 규정된 15퍼센트 제한치를 증가시킬 수 있다.

18.9.1.5.1 Displacement-Dependent Damping Devices

The performance of the prototype displacement- dependent damping devices shall be deemed adequate if the following conditions, based on tests specified in Section 18.9.1.2 are satisfied :

1. For Test 1, no signs of damage including leakage, yielding, or breakage.
2. For Tests 2 and 3, the maximum force and minimum force at zero displacement for a damping device for any one cycle does not differ by more than 15 percent from the average maximum and minimum forces at zero displacement as calculated from all cycles in that test at a specific frequency and temperature.
3. For Test 2 and 3, the maximum force and minimum force at maximum earthquake device displacement for a damping device for any one cycle does not differ by more than 15 percent

18.9.1.5.1 변위의존형 제진장치

변위의존형 프로토타입 제진장치의 성능은 18.9.1.2에 규정된 실험에 근거한 다음 조건이 만족된다면 적당하다고 간주되어야 한다.

1. 실험 1에 있어서 누출, 항복 또는 파손을 포함하는 손상 징후가 없는 경우
2. 실험 2와 3에 있어서 임의의 한 사이클 내 영 변위 시 제진장치의 최대힘과 최소힘이 특정 진동수와 온도에서 수행된 모든 사이클로부터 계산된 영 변위 시 평균최대 및 최소힘과 15퍼센트 이상 차이가 나지 않는 경우
3. 실험 2와 3에 있어서 임의의 한 사이클 내 최대지진장치 변위 시 제진장치의 최대힘과 최소힘이 특정 진동수와 온도에서 수행된 모든 사이클로부터 계산된 최대지진장치 변위 시 평균최대 및 최소힘과 15퍼센트 이상 차이

from the average maximum and minimum forces at the maximum earthquake device displacement as calculated from all cycles in that test at a specific frequency and temperature.

가 나지 않는 경우

4. For Tests 2 and 3, the area of hyteresis loop(E_{loop}) of a damping device for any one cycle does not differ by more than 15 percent from the average area of the hysteresis loop as calculated from all cycles in that test at a specific frequency and temperature.

4. 실험 2와 3에 있어서 임의 한 사이클 동안 제진장치의 이력곡선 내 면적(E_{loop})이 특정 진동수와 온도에서 수행된 모든 사이클로부터 계산된 이력곡선 내 평균면적과 15퍼센트 이상 차이가 나지 않는 경우

5. The average maximum and minimum forces at zero displacement and maximum earthquake displacement, and the average area of the hysteresis loop(E_{loop}), calculated for each test in the sequence of Tests 2 and 3, shall not differ by more than 15 percent from the target values specified by the registered design professional responsible for the design of the structure.

5. 실험 2와 3에 대하여 영 변위와 최대 지진 변위에서 평균최대 및 최소힘과 이력곡선 내 평균면적(E_{loop})이 구조물의 설계에 책임이 있는 등록된 전문가에 의해 제시된 목표 값과 15퍼센트 이상 차이가 나지 않는 경우

18.9.1.5.2 Velocity-Dependent Damping Devices.

The performance of the prototype velocity-dependent damping devices shall be deemed adequate if the following conditions, based on tests specified in Section 18.9.1.2, are satisfied :

1. For Test 1, no signs of damage including leakage, yielding, or breakage.
2. For velocity-dependent damping devices with stiffness, the effective stiffness of a damping device in any one cycle of Tests 2 and 3 does not differ by more than 15 percent from the average effective stiffness as calculated from all cycles in that test at a specific frequency and temperature.
3. For Tests 2 and 3, the maximum force and minimum force at zero displacement for a damping device for any one cycle does not differ by more than 15 percent from the average maximum and minimum forces at zero

18.9.1.5.2 속도의존형 제진장치

속도의존형 프로토타입 제진장치의 성능은 18.9.1.2에 규정된 실험에 근거한 다음 조건이 만족된다면 적당하다고 간주되어야 한다.

1. 실험 1에 있어서 누출, 항복 또는 파손을 포함하는 손상 징후가 없는 경우
2. 강성을 가진 속도의존형 제진장치의 경우, 실험 2와 3에 있어서 임의의 한 사이클 내 제진장치의 유효강성이 특정 진동수와 온도에서 수행된 모든 사이클로부터 계산된 평균 유효강성과 15퍼센트 이상 차이가 나지 않는 경우
3. 실험 2와 3에 있어서 임의의 한 사이클 내 영 변위 시 제진장치의 최대힘과 최소힘이 특정 진동수와 온도에서 수행된 모든 사이클로부터 계산된 영 변위 시 평균최대 및 최소힘과 15퍼센트 이상 차이가 나지 않는 경우

displacement as calculated from all cycles in that test at a specific frequency and temperature.

4. For Tests 2 and 3, the area of hysteresis loop (E_{loop}) of a damping device for any one cycle does not differ by more than 15 percent from the average area of the hysteresis loop as calculated from all cycles in that at a specific frequency and temperature.

4. 실험 2와 3에 있어서 임의 한 사이클 동안 제진장치의 이력곡선 내 면적(E_{loop})이 특정 진동수와 온도에서 수행된 모든 사이클로부터 계산된 이력곡선 내 평균면적과 15퍼센트 이상 차이가 나지 않는 경우

5. The average maximum and minimum forces at zero displacement, effective stiffness (for damping devices with stiffness only), and average area of the hysteresis loop(E_{loop}) calculated for each test in the sequence of Tests 2 and 3, does not differ by more than 15 percent from the target values specified by the registered design professional responsible for the design of the structure.

5. 실험 2와 3에 대하여 영 변위에서 평균최대 및 최소힘과 유효강성(강성을 가진 제진장치에 한함)과 이력곡선 내 평균면적(E_{loop})이 구조물의 설계에 책임이 있는 등록된 전문가에 의해 제시된 목표값과 15 퍼센트 이상 차이가 나지 않는 경우

18.9.2 Production Testing.

Prior to installation in a building,

18.9.2 제품실험

건물에 설치에 앞서 구조물의 설계에

damping devices shall be tested to ensure that their force–velocity–displacement characteristics fall within the limits set by the registered design professional responsible for the design of the structure. The scope and frequency of the production–testing program shall be determined by the registered design professional responsible for the design of the structure.

책임이 있는 등록된 전문가가 장치의 힘–속도–변위 특성이 정해진 한계 내에 있는가를 확인하기 위한 실험이 수행되어야 한다. 제품실험의 범위와 진동수는 구조물의 설계에 책임이 있는 등록된 전문가에 의해 결정되어야 한다.

부 록 Ⅲ

에너지 평형이론에 의한 제진구조
설계지침(안)

에너지 평형이론에 의한 제진구조 설계지침(안)

본 기술검토지침의 부록 3에 실린 "에너지 평형이론에 의한 제진구조 설계지침(안)"은 대한건축학회에서 발간한 "제진구조설계지침 및 예제집(대한건축학회, 2010)"에서 발췌한 내용으로 제진구조 설계지침에 대한 해설과 관련 예제는 이를 참조할 수 있다.

2010년

대한건축학회

제 1 장

총 칙

0101 일반사항

0101.1 목적

이 제진구조설계지침(이하 '이 지침')은 건축구조설계기준(KBC)에 따라 건축물 및 공작물의 안전성, 사용성 및 내구성을 확보하기 위한 내진설계에 부가한 제진구조설계의 기술적 사항을 기술함을 목적으로 한다.

0101.2 적용범위

(1) 이 지침은 지진력을 대상으로 한 건축물의 거동에 관하여 에너지의 평형방정식을 이용한 설계법(이하, 에너지법이라 함)에 따라 제진건축물의 설계에 적용한다.
(2) 이 지침은 설계 적용 검토단계에서 에너지법을 이용한 예비설계 및 시간이력해석법에 의한 지진시의 안전성을 검증하는 제진건축물의 설계에 적용한다.

(3) 이 지침은 탄소성 강재이력댐퍼를 제진장치로 사용하는 경우에 한하여 적용한다.
(4) 이 지침은 신축 건축물과 제진장치를 사용하여 보강되는 건축물을 대상으로 한다.
(5) 건축대상 부지는 모든 지반을 대상으로 한다.

0101.3 지침의 구성

이 지침은 5장으로 구성되며, 그 내용은 다음과 같다.
1장 총칙
2장 에너지법에 의한 제진구조설계
3장 제진장치
4장 제진구조의 설계
5장 제진구조의 지진응답해석

0102 용어의 정의

0102.1 기본용어

이 지침에서는 제진구조에 사용되는 기본용어로 다음과 같이 정의한다.

(1) **댐퍼부분** : 건축물의 구조내력상 주요한 부분 가운데 에너지 흡수 부재(지진에 의해 건축물에 작용하는 에너지를 흡수하기 위해 설치한 탄소성계의 부재 혹은 이에 준하는 이력특성을 가지는 것을 지칭)를 이용하여 구성되는 부분(에너지 흡수 부재를 상호 또는 주위의 보 부재 등에 접합하기 위해 설치한 충분한 강성 및 내력을 가지는 연결 부재를 포함함)으로, 지진에 의한 반복변형을 받은 후에도 강성 및 내력이 저하하지 않고 건축물의 자중, 활하중, 적설하중 등 연직방향의 하중을 지지하지 않는 것을 말한다.

(2) **주골조** : 건축물의 구조내력상 주요한 부분 가운데 댐퍼부분을 제외한 부분을 말한다.

0102.2 기타 용어

가속도(acceleration) : 물체가 어떤 방향으로 운동할 때 그 속도에 대한 시간적 변화의 비율을 가속도라고 한다. 물체에 가속도를 발생시키기 위해서는 변화방향에 대해 힘을 작용시킬 필요가 있다. 단위는 cm/s^2이며, cm/s^2를 gal로 나타낼 때도 있다(중력가속도는 $980cm/s^2$).

지진동의 레벨을 나타내는 지표의 하나로 지진동 파형의 최대가속도가 이용되는 경우가 있다.

감쇠성능(damping performance) : 건축물 혹은 부재의 운동특성을 나타내는 성능은 강성과 감쇠로 크게 나눌 수 있다. 감쇠성능은 건축물에 외력이 작용했을 때, 이 에너지를 진동적으로 흡수하는 성능을 나타낸다. 일반적으로 자유진동에서 진동을 감소시키는 속도에 비례하는 양이고 감쇠계수와 감쇠정수로 나타내어진다.

강심(center of rigidity) : 건축물에 지진력과 같은 수평력이 작용하면 기둥과 벽체는 각각 강성에 따라 수평력에 저항하기 때문에 강성이 한쪽으로 치우쳐 분포하고 있으면 건축물은 회전하게 된다. 이때의 회전중심을 강심이라고 한다. 즉, 강심과 건축물의 중량분포의 중심이 일치하지 않을 경우에는 양자의 거리에 비례하여 비틀림 모멘트가 발생하고 건축물은 회전한다.

강재댐퍼(steel damper) : 강재가 소성변형 혹은 기하학적 변형을 할 때의 에너지 흡수성능을 댐퍼로 이용하는 것으로, 평면 내 임의 방향의 대변형에 대응할 수 있는 형상, 지지부 등에 특징이 주어져 있다. 복원력은 방추형의 이력루프를 나타낸다.

고유주기(natural period) : 건축물에 어떤 힘을 가하여 그 힘을 해제시키면 건축물은 어떤 일정한 주기로 진동을 한다. 그 주기를 일반적으로 고유주기라고 한다. 그중에 수직방향의 고유주기를 수직고유주기라 하고 수평방향의 고유주기를 수평고유주기라고 한다.

내진구조(earthquake resistant structure) : 내진구조의 설계목표는 건축물이 지진에 의해 투입되는 에너지의 총량을 건축물의 손상상태를 허용상태 내로 억제하면서 건축물에 전부 흡수시키는 것으로, 벽식구조와 같이 건축물을 강하게 만드는 강도저항형(탄성설계법)과 지진에 의한 입력에너지를 건축물

본체의 소성변형에 의해 에너지를 흡수시키는 인성형 건축물(탄소성설계법) 및 에너지 흡수장치(점성 및 이력감쇠형)를 구조 본체에 설치한 제진구조 건축물이 있다. 아주 드물게 발생하는 대지진 시에 내진구조에서는 건축물의 붕괴 방지와 인명보호가 목표이다.

동적해석(dynamic analysis) : 지진과 바람에 의한 외력에 대해 건축물의 진동 특성, 감쇠특성을 적용한 진동모델을 이용하여 해석적으로 안전성을 검토하는 방법. 적절한 진동모델(모델화)과 외력(입력지진동)의 평가방법이 해석결과의 신뢰 타당성을 좌우한다. 초고층 건축물의 설계에서 다질점 모델에 의한 동적해석을 하고 있으나, 최근에는 입체모델에 의한 해석과 건축물이 들어서게 되는 지반의 특성을 평가하고 지반과의 상호작용의 영향을 고려하는 해석도 하고 있다.

마찰형 감쇠장치(damper of hysteresis type) : 재료의 탄소성 변형과 마찰을 이용하여 변형이력에 의해 에너지를 소산함으로써 감쇠성능을 얻는 것이다. 강재 감쇠장치, 납 감쇠장치, 마찰 감쇠장치 등이 실용화되고 있다.

복원력 특성(restoring force characteristic) : 골조와 부재의 하중이력과 변형이력의 관계 또는 재료의 응력이력과 변형도 이력의 관계를 말한다. 골격곡선(skeleton curve)과 이력특성(hysteresis rule)의 조합으로 표현되며, 구조해석에서는 이것들을 모델화하여 사용한다. 구조의 종류와 구조형식에 따라서 Normal-Bi-Linear, Degrading-Tri-Linear, Ramberg-Osgood 등의 복원력 모델이 이용된다.

상하동(vertical motion) : 지진 시에 작용하는 지진동 중에 상하방향으로 작용하는 것을 상하동이라고 한다. 일반 건축물에서는 항상 연직하중이 작용하고 있다는 점과 지진 시에 상하동에 의한 부재의 영향이 수평동에 의한 영향에 비해 적었기 때문에 지금까지는 고려된 경우가 적었다.

설계용 전단력(seismic shear force for design) : 대상으로 하는 건축물에서 허용응력도 설계에 의해 각 부재의 단면검증(산정) 시에 필요로 하는 응력을 산정한다든지, 건축물의 편심률·강성률의 산정 등에 외력으로 사용되는 층 전단력을 '설계용 전단력'이라고 부른다.

에너지법(energy method) : 기존의 내진설계법은 지진의 크기를 힘(하중)으로 표현하고 건축물이 그 하중에 견딜 수 있도록 하기 위해 힘의 크기로 표현된 진동방정식을 이용하였으나, 에너지법은 지진에 의해 건축물에 입력되는 에너지와 건축물이 흡수하는 에너지의 평형조건에 근거하여 최대응답치를 예측하는 기법이다.

에너지 스펙트럼(energy spectrum) : 건축물에 투입되는 총에너지 입력의 속도 환산치 V_E와 고유주기로 나타내는 스펙트럼을 나타낸다.

에너지 흡수능력(energy absorption capacity) : 건축물의 보유성능을 평가하는 양이고, 일반적으로는 소성이력에너지 혹은 소성변형배율로 나타낸다.

오일 감쇠장치(oil damper) : 일반적으로는 진동에 의해 움직이는 피스톤에 의해 실린더 내부의 오일을 유동시켜 그 제동력을 비복원력으로 하여 진동을 제어하는 감쇄장치이다. 소정의 제동력은 오리피스라고 불리는 관로 도중에 설치된 둥근 구멍으로 오일의 유량을 조정함으로써 얻어진다.

제진(制振(震))구조(seismic vibration control system) : 제진(制振)구조와 제진(制震)구조의 정의는 아직까지 명확히 구분되지 못하고 있다. 제진(制振)구조는 건축물에 생기는 진동(응답) 그 자체를 제어한다는 포괄적인 의미로 받아들여지고 있는 반면, 제진(制震)구조는 지진으로 인한 건축물의 진동을 제어한다는 의도적인 의미로 해석되고 있는 것이 일반적이다. 건축물의 응답제어라는 관점에서는 수동형, 능동형, 반능동형 및 복합형의 제어방법이 있다.

적용 사례가 많은 대표적 예로 수동형에는 강재감쇠장치와 점탄성감쇠장치를 건축물에 설치하여 지진응답을 저감하는 손상제어구조가 있고, 능동형에는 강풍에 대하여 양호한 거주성을 확보하기 위한 매스댐퍼가 있다.

중심(center of gravity) : 단면의 도심, 강체의 전 중력의 작용점을 말한다. 보통 설계에서는 건축물의 각 기둥 위치와 작용축력으로 건축물의 평면적인 중량중심을 구한다. 이 중심위치에 지진 시의 수평력이 작용하는 것으로 하여 건축물 전체에 작용하는 비틀림 모멘트를 강심위치와의 관계(편심)로부터 산정한다. 형상비가 큰 면진건축물(건축물 폭에 대한 건축물 높이가 큰 건축물)에서는 입면적인 중심위치도 검토하여 설계되는 예도 있다.

지반종별(type of ground) : 건축물의 피해가 지진동과의 공진현상과 깊게 관계

한다는 것, 지반에는 고유의 탁월 진동주기가 있다는 것이 알려져 있다. 표층의 지반구성에 기인하는 진동성상의 차이를 근거로 하여 지반을 분류한 것을 지반종별이라고 한다.

지진응답해석(dynamic analysis) : 대상으로 하는 건축물의 지진 시 동적인 거동을 확인하기 위하여 건축물을 질량과 스프링의 단순한 모델로 치환하여 최하 부분에 관측지진동과 모의지진동의 가속도 기록을 외력으로 하여 시간이력으로 입력함으로써 각 시각에서 건축물의 거동(응답)을 구할 수 있으며, 이것을 '지진응답해석'이라고 부른다. 종래는 건축물 각 층을 한 개의 질점으로 모델화하여 해석하였으나, 최근에는 컴퓨터의 발달에 의해 건축물 전체를 완전입체모델로 취급하여 각 부재의 동적인 거동을 파악할 수 있게 되었다.

층간 변형각(story drift ratio) : 어떤 층의 지진과 바람 등에 대한 수평력에 의해 생기는 수평 변형량을 그 층의 높이로 나눈 것을 말한다.

층라멘 분할법(decomposition of the frame into story frames) : 구조골조의 수평내력을 산출하는 기법으로, 상하층의 영향을 배제하고 각 층마다 독립하여 내력을 구한다. 높이방향의 내력분포를 충실히 구할 수 있다.

최적항복 층전단력 계수(optimal yielding story shear coefficient) : 평균적인 지진응답해석에서 각 층의 누적 소성변형배율이 일정하게 될 때의 항복 층전단력 계수분포를 말한다.

편심(eccentricity) : 강심과 중심·도심과 작용 축과 같은 관계 사이에 생기는 거리를 말하고, 그 크기를 편심거리로 표현하기도 한다. 편심이 있으면 본래의 응력 외에 비틀림 모멘트에 의한 2차 응력이 작용한다.

0102.3 기호

- B : 댐퍼 스트럿의 폭
- c : 편심에 의한 손상집중에 등가인 항복전단력 계수의 저하율 p_{ti}의 평가식 중의 지수
- c_i : 기준 손상무차원화량

d_0 : 강봉댐퍼의 직경

d_i : 제 i층 상부 보의 상하층 라멘 분할비율

E : (강재의) 영계수

E_D : 건축물의 손상에 기여하는 에너지

E_{st} : 부재의 2차 강성

E_T : 건축물에 입력되는 총지진입력에너지

E_p : 건축물 전체가 흡수할 수 있는 에너지

e : 편심거리

$\overline{e}$: 편심비$(=e/i)$

e_q : 구면 간의 최적 강도분포에 관한 편심량

$\overline{e_q}$: 최적 강도분포에 관한 편심비

G : (강재의) 전단탄성계수

g : 중력가속도

I_c : 기둥의 단면이차모멘트

I_b : 보의 단면이차모멘트

i : 회전반경

H : 댐퍼 스드릿 직선부의 높이

H' : 댐퍼 스트럿 곡선부의 내력기여를 고려한 스트럿의 높이

H_T : 댐퍼 스트럿 직선부에 슬릿의 직경을 더한 높이

h : 건축물의 감쇠정수

h_i : 제 i층의 층고

j : 탄성반경

$\overline{j}$: 탄성반경비$(=j/i)$

K : 주골조의 강성에 대한 댐퍼부의 강성비

k_i : 제 i층의 수평강성

${}_sk_i$: 댐퍼부(stiff element)의 강성

${}_{dc}k_i$: 댐퍼와 주골조를 연결하는 연결재의 강성

${}_dk_i$: 댐퍼만의 강성

${}_{f}k_{i}$: $P-\delta$ 효과를 고려한 i층의 주골조의 탄성 수평강성

${}_{f}k'_{i}$: $P-\delta$ 효과를 고려하지 않은 i층의 주골조의 탄성 수평강성

${}_{i}k_{x}$: i구면의 강성

${}_{i}l_{y}$: (부호를 고려한) 중심으로부터 i구면까지의 거리

k_{eq} : 건축물을 1질점계로 치환했을 때의 등가스프링 정수

${}_{c}k_{i}$: 제 i층의 기둥 강도의 합

${}_{b}k_{i}$: 제 i층의 보 강도의 합

${}_{p}k_{i}$: 제 i층의 패널 강도의 합

${}_{P\delta}k_{i}$: $P-\delta$ 효과에 의한 수평강성의 저하량

k_{p1}, k_{p2} : 무차원화한 댐퍼의 1차 및 2차 소성강성

l_{c} : 층골조의 기둥 길이

l_{b} : 층골조의 보의 길이

m_{i} : 제 i층의 질량

M : 건축물의 총질량

M_{c} : 층골조의 기둥의 전소성모멘트

M_{b} : 층골조의 절점의 좌우 보의 전소성모멘트의 합

M_{k} : k접합부의 전소성모멘트

$M_{ov,i}$: 제 i층의 전도모멘트

M_{p} : 층골조의 기둥보 패널부의 전소성모멘트

N : 건축물의 층수

$\Delta N_{e,i}$: 전도모멘트에 의한 제 i층 기둥의 추가 축력

n : 손상집중지수

n_{1} : 최대변형이 발생하는 루프의 반복되는 빈도를 나타내는 정수

p_{i} : 각 층의 항복전단력계수와 최적 항복전단력계수 분포의 차이

p_{ti} : 편심에 의한 손상집중에 등가인 항복전단력계수의 저하율

Q_{d} : 손상한계내력

Q_{di} : 제 i층에 작용하는 손상한계내력에 상당하는 층전단력

Q^{*}_{dui} : 각 층의 댐퍼부분의 수평내력

Q_{dui} : 각 층의 댐퍼부분의 보유수평내력

Q_{fi} : 건축물이 손상한계에 도달할 때 각 층의 주골조에 발생하는 층전단력

${}_{f}Q_{\pi}$: 층골조의 최대전단력

Q_i : 제 i층의 전단력

Q_x : x방향의 층 강도$(=\sum_{i}^{i} Q_x)$

${}_{i}Q_x$: i구면의 강도

${}_{d}Q_y$: 댐퍼의 항복내력

${}_{d}Q_{b,y}$: 댐퍼의 휨에 의한 항복내력

${}_{d}Q_{s,y}$: 댐퍼의 전단력에 의한 항복내력

${}_{f}Q_{yi}$: 제 i층의 주골조의 항복전단력

${}_{s}Q_{yi}$: 제 i층의 댐퍼부의 요구항복전단력

$\overline{Q_i}$: 제 i층의 최적 항복전단력 분포

${}_{i}\widehat{Q_x}$: 탄성계의 i구면의 전단력

q_1 : 비틀림 1차 모드의 변형을 나타내기 위한 비례정수

$R_{\max i}$: 제 i층의 최대층간변형각

r : 댐퍼 슬릿의 반경

${}_{f}r_i$: 최적 항복전단력계수 분포에 대한 주골조의 실제 전단력계수의 비를 구하고 그 값에 주골조가 탄성에 머물기 위한 최소 필요전단력계수를 나눈 값$(= {}_{f}\alpha\ /(\alpha_{e}\overline{\alpha_{i}}))$

${}_{s}r_i$: 최적 항복전단력계수 분포에 대한 댐퍼부의 실제 전단력계수의 비를 구하고, 그 값에 댐퍼부가 탄성에 머물기 위한 최소 필요전단력계수를 나눈 값$(= {}_{s}\alpha\ /(\alpha_{e}\overline{\alpha_{i}}))$

${}_{s}r_{\min}$: 댐퍼가 최대에너지 흡수능력을 발휘하기 위한 강도

${}_{s}r_{\delta\max}$: 댐퍼의 요구최소강도

s_i : 각 층의 항복전단력계수가 최적 항복전단력계수 분포에 따르는 경

우의 각 층 손상의 무차원화량

T : 건축물의 탄성 1차 고유주기

T_d : 손상한계 고유주기

T_f : 주골조의 탄성 1차 고유주기

T_s : 안전 고유주기

t : 댐퍼의 판두께

V_E : 지진에 의해 건축물에 입력되는 총에너지의 속도환산값

V_L : 건축물의 손상을 유발하는 에너지의 속도환산값

V_p : 주골조의 기둥보 패널부의 강도

W_{dei} : 각 층의 댐퍼가 탄성변형에너지로 흡수하는 에너지양

W_{dpi} : 각 층의 댐퍼가 소성변형 에너지로 흡수하는 에너지양

W_e : 건축물이 손상한계에 도달할 때까지 흡수할 수 있는 에너지양

W_{fi} : 각 층의 주골조가 탄성변형에너지로 흡수하는 에너지양

W_i : 제 i층의 중량

W_p : 건축물에 발생하는 전 손상에너지

W_{pi} : 제 i층에 발생하는 손상에너지

x_1 : 중심의 변위

α : 응력상승률의 실험식 중의 계수

α_e : 건축물(내진구조)이 탄성범위에 머물게 하기 위한 최소밑면전단력계수

α_i : 제 i층의 항복전단력계수

$\overline{\alpha_i}$: 제 i층의 최적 항복전단력계수 분포

α_o : 기준 항복전단력계수

β_T : 비선형 응답 시의 비틀림각의 증폭계수

β_j : 댐퍼부가 수평부재와 이루는 각도

γ_i : 건축물에 생기는 전 손상 W_p에 대한 제 i층에 발생하는 손상 W_{pi}의 비율

δ_{di} : 제 i층의 기초로부터의 변위(손상한계)

δ_{dui} : Q_{dui}의 값을 각 층의 댐퍼부분의 수평방향의 강성으로 나누어 얻은 각 층의 댐퍼부분의 층간변위

δ_i : Q_{fi}의 값을 각 층의 주골조의 수평방향의 강성으로 나눠서 얻은 각 층의 층간변위

δ_i : 각 층의 손상한계 시 층간변위

$\delta_{\max i}$: 제 i층의 최대층간변위

$\delta_{\lim, i}$: 제 i층의 최대허용층간변위

δ_e : α_e에 도달하는 경우의 변형량

${}_f\delta_{yi}$: 주골조의 제 i층 항복변위

${}_j\delta_{\max i}$: 제 i층에서의 j 구면의 최대변형

${}_r\delta_y$: 층의 항복 층간변형

${}_m\delta_y$: 층의 항복 층간변형에 기여하는 부재변형

${}_b\delta_y$: 브레이스의 항복 층간변형

δ^*_{dui} : Q^*_{dui}의 값을 해당 층의 댐퍼부분의 수평방향의 강성으로 나누어 얻은 각 층의 댐퍼부분의 층간변위

ζ : 편심에 따라 최외구면에 필요한 에너지 흡수능력의 증폭계수

${}_f\bar{\eta}'_i$: 제 i층의 주골조 누적손상

${}_f\bar{\eta}'_{\lim, i}$: 주골조의 손상을 허용하는 경우, 제 i층의 주골조 누적허용손상배율

${}_fW_{\lim, i}$: 제 i층의 주골조 누적허용손상

${}_m\eta_u$: 부재의 누적소성변형배율

${}_r\eta_u$: 층의 누적소성변형배율

$\bar{\eta}_i$: 제 i층의 누적소성변형배율의 정부 양측의 평균치

θ_i : 회전각

k_i : 각 층의 수평강성 k_i의 등가스프링정수 k_{eq}에 대한 비

λ_e : 부재의 세장비

μ_i : 제 i층의 소성률

μ_i^* : $=\mu_i - 1$

σ_y : 강재의 항복응력도

ϕ_i : 비틀림 1차 모드의 진동수비

0103 목표성능

지진 발생 시에는 제진건축물은 다음의 목표설계성능을 만족하도록 한다.

(1) 주골조는 탄성범위 이내에 머물게 하거나 보수가 용이한 범위 내에서 손상을 허용한다.

(2) 댐퍼는 안정된 이력거동을 발휘하여 많은 에너지 흡수가 가능하도록 설계한다.

(3) 건축물의 비구조재는 원칙적으로 손상이 발생하지 않도록 한다.

제 2 장

에너지법에 의한 제진구조설계

0201 에너지 평형에 근거한 제진구조설계법

지진에 의해서 건축물에 입력되는 에너지의 크기를 산정하고 건축물이 흡수할 수 있는 에너지의 크기를 지진입력에너지보다 크게 하여 건축물의 안전성을 확보하고자 하는 설계법을 말하며, 다음의 식을 만족시키도록 한다.

$$E_P > E_T$$

여기서, E_P : 건축물 전체가 흡수할 수 있는 에너지

E_T : 지진에 의한 총입력에너지

0202 건축물이 흡수하는 에너지

건축물의 지상부분은 다음에 나타낸 바와 같이 설계한다. 건축물이 손상한계에 도달할 때까지 흡수할 수 있는 에너지양은 다음 식으로 계산한다.

$$W_e = W_{fi} + (W_{dei} + W_{dpi})$$

이 식에서 W_e, W_{fi}, W_{dei} 및 W_{dpi}는 각각 다음의 값을 나타낸다.

W_e : 건축물이 손상한계에 도달할 때까지 흡수할 수 있는 에너지양 (단위 kN · m)

W_{fi} : 각 층의 주골조에 탄성변형에너지로 흡수되는 에너지양으로, 다음 식에 의해서 계산된 값 (단위 kN · m)

$$W_{fi} = \frac{1}{2} Q_{fi}$$

이 식에서, Q_{fi} 및 δ_i는 각각 다음 값을 나타낸다.

Q_{fi} : 건축물이 손상한계에 도달할 때 각 층의 주골조에 발생하는 층전단력 (단위 kN)

δ_i : Q_{fi}의 값을 각 층의 주골조의 수평방향의 강성으로 나눠서 얻은 각 층의 층간변위 (이하 '손상한계 층간변위'라 함) (단위 m)

W_{dpi} : 각 층의 댐퍼부분에 탄성변형에너지로 흡수되는 에너지양으로 다음 식에 의해서 계산되는 값 (단위 kN · m)

$$W_{dei} = \frac{1}{2} Q^*_{dui} \delta^*_{dui} \quad \delta^*_{dui}$$

이 식에서, Q^*_{dui} 및 δ^*_{dui}는 각각 다음의 값을 나타낸다.

Q^*_{dui} : 각 층의 댐퍼부분의 수평내력 [각 층의 보유수평내력(재료강도에 의해서 계산된 각층의 수평력에 대한 내력을 말함)].(단위 kN) 그러나 건축물이 손상한계에 도달할 때 각 층의 댐퍼부분에 발생하는 층전단력이 댐퍼부분의 수평내력보다 작은 경우에는 해당 층전단력으로 한다.

δ^*_{dui} : Q^*_{dui}의 값을 해당 층 댐퍼부분의 수평방향의 강성으로 나누어 얻은 각 층의 댐퍼부분의 층간변위 (단위 m)

W_{dpi} : 각 층의 댐퍼부분에 소성변형에너지로서 흡수되는 에너지양으로 다음 식에 의해서 계산되는 값 (단위 kN · m)

$$W_{dpi} = 2(\delta_i - \delta_{dui})Q_{dui} \cdot \eta_i$$

이 식에서, δ_i, δ_{dui}, Q_{dui} 및 η_i는 각각 다음 식의 값을 나타낸다.

δ_i : 각 층의 손상한계 시 층간변위 (단위 m)

δ_{dui} : Q_{dui}의 값을 각 층의 댐퍼부분의 수평방향 강성으로 나누어 얻은 각 층의 댐퍼부분의 층간변위 (δ_i가 δ_{dui}보다 작은 경우는 δ_i로 한다.) (단위 m)

Q_{dui} : 댐퍼부분의 보유수평내력 (단위 kN)

η_i : 각 층의 댐퍼부분의 소성변형의 누적 정도를 나타내는 값으로 2를 사용한다.

0203 건축물에 작용하는 에너지

지진에 의해 건축물에 작용하는 에너지양을 다음 식에 따라서 계산한다.

$$E_T = \frac{1}{2} \cdot V_E^2$$

이 식에서 E_T, M 및 V_E는 각각 다음 값을 나타낸다.

E_T : 지진에 의한 건축물에 작용하는 에너지양 (단위 kN · m)

M : 건축물의 지상부분의 전 질량 (고정하중 및 적재하중과의 합)을 중력가속도로 나눈 것) (단위 ton)

V_E : 에너지의 속도환산값 (건축물의 감쇠 등을 고려해서 지진에 의한 건축물에 작용하는 에너지양의 속도환산값을 별도로 계산하는 것이 가능할 경우에는 당해 속도환산값으로 사용 가능하다.)

0204 설계용 에너지 스펙트럼

0204.1 설계용 에너지 스펙트럼

설계용 에너지 스펙트럼은 다음과 같이 규정한다.

지반	V_E	조건
S_A 지반	$V_E = 156T$ [cm/s]	$T \leq 0.192s$
	$V_E = 30$[cm/s]	$T > 0.192s$
S_B 지반	$V_E = 156T$ [cm/s]	$T \leq 0.321s$
	$V_E = 50$[cm/s]	$T > 0.321s$
S_C 지반	$V_E = 156T$ [cm/s]]	$T \leq 0.513s$
	$V_E = 80$[cm/s]	$T > 0.513s$
S_D 지반	$V_E = 156T$ [cm/s]	$T \leq 0.641s$
	$V_E = 100$[cm/s]	$T > 0.641s$
S_E 지반	$V_E = 156T$ [cm/s]	$T \leq 0.833s$
	$V_E = 130$[cm/s]	$T > 0.833s$

해설

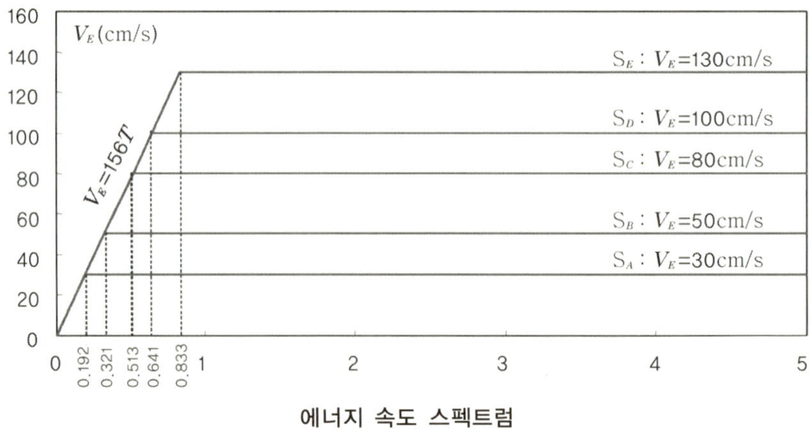

에너지 속도 스펙트럼

0204.2 건축물의 손상을 유발하는 지진에너지

실 설계에서는 감쇠에 의한 에너지를 제외한 에너지를 사용하여 건축물을 설계하며, 이를 건축물의 손상을 유발하는 에너지라 한다. 손상을 유발하는 에너지에 대한 등가속도 V_D는 골조 전체의 총에너지 입력에너지에 대한 등가속도 V_E와 골조의 감쇠정수 h로부터 다음 식으로 산정한다.

$$V_D = \frac{1}{1 + 3h + 1.2\sqrt{h}} V_E$$

여기서, h는 건축물의 감쇠정수이다.

제 3 장

제진장치

0301 일반사항

제진장치는 건축물의 안전성 향상 및 진동을 제어하기 위하여 건축물에 특수하게 설치하는 장치를 말한다.

0302 제진장치의 종류

제진구조에 사용되는 제진장치는 진동제어방식에 따라 다음과 같이 분류할 수 있다.

(1) 능동형 제진구조

(2) 수동형 제진구조

(3) 혼합형 제진구조

0303 이력댐퍼의 성능

0303.1 이력댐퍼의 보유성능

이력댐퍼는 지진에 의해 건축물에 작용하는 에너지를 흡수하기 위한 부재로서 지진에 의한 반복변형을 받은 후에도 강성 및 내력이 저하해서는 안 되며, 다음과 같은 성능을 가져야 한다.

(1) 작은 지진에서 주골조의 사용성 확보를 위해서 탄성강성이 커야 한다.

(2) 지진에 의한 에너지를 많이 흡수하기 위해서 소성변형 능력이 커야 한다.

0303.2 이력댐퍼의 종류

지진에 대비하여 사용하고 있는 에너지 흡수장치 중에서 신뢰성, 고에너지 흡수능력 및 제작의 편리성 등을 고려하여, 이 지침에서는 다음에 나타낸 댐퍼를 사용하는 것으로 한다.

(1) 휨 및 전단 저항형 슬릿플레이트댐퍼

(2) 휨 저항형 강봉댐퍼

0303.4 이력댐퍼의 설치형태

이력댐퍼의 설치형태는 크게 다음과 같이 나타낼 수 있다.

(1) 연결부재에 의해서 설치되는 형태

(2) 주골조에 직접 설치되는 형태

제 4 장

제진구조의 설계

0401 일반사항

제진구조의 설계는 일반적으로 다음과 같이 두 가지 단계로 요약된다.

(1) 중력하중에 대한 설계 : 기둥과 보의 크기는 중력하중만을 고려해서 결정한다.

(2) 지진하중에 대한 설계 : 건축물은 주어진 지진입력에너지 V_E의 레벨을 견디도록 설계한다.

0402 구조특성값의 계산

제진구조의 설계에 필요한 구조특성값은 다음과 같다.

(1) 건축물의 총질량 및 각 층의 질량

(2) 각 층의 최적항복전단력계수

(3) 주골조의 강성, 항복내력 및 항복변위
(4) 건축물의 고유주기
(5) 전도모멘트 및 기둥 추가 축력
(6) 댐퍼의 항복내력, 강성 및 항복변위

0403 구조설계의 순서

0402의 구조특성값을 바탕으로 한 탄소성 이력댐퍼가 있는 제진구조의 설계순서는 다음과 같이 11단계로 요약된다.

단계 1 : 주골조의 특성값 결정
단계 2 : K(주골조에 대한 댐퍼부의 강성비)값 결정
단계 3 : 최대허용층간변위 결정 및 주골조의 항복변위와 비교
단계 4 : 주골조의 허용손상 결정
단계 5 : 설계지진에너지 입력레벨의 결정
단계 6 : 댐퍼의 종류 결정 및 요구 항복강도 계산
단계 7 : 전도모멘트와 이에 의한 기둥의 부가축력 계산
단계 8 : 부가축력에 대한 기둥의 검토
단계 9 : 기둥의 부가축력을 고려한 층골조의 항복전단력 재계산
단계 10 : 이전 값을 새로운 층골조의 항복변위와 비교
단계 11 : 댐퍼의 배치 및 댐퍼설계

단, '단계 4'에 대해서는 주골조가 소성영역을 경험할 때만 적용하고, 탄성영역에 머무를 경우에는 다음 단계로 바로 넘어갈 수 있다.

0404 지진응답의 예측

에너지법에 의해 설계된 제진구조의 지진응답특성은 다음의 순서에 의해 예측한다.
(1) 건축물에 입력된 에너지의 산정
(2) 각 층의 손상분포
(3) 건축물의 지진응답 계산

제 5 장

제진구조의 지진응답해석

0501 설계용 입력지진동

제진건축물의 지진응답해석에 이용하는 설계용 입력지진동은 건설예정지 주변의 지진활동 상황, 지반특성 등을 고려하여 설정한다.

0502 해석모델

(1) 해석모델은 제진구조 및 제진장치에 예상되는 응답범위의 특성을 적절하게 파악할 수 있는 모델로 한다.

(2) 제진장치의 모델화에 있어서는 실험결과 등을 바탕으로 강성 및 감쇠성능을 적절하게 평가할 수 있는 모델로 한다.

0503 안전성평가

(1) 제진구조에 대한 지진응답해석 결과를 이용하여 각 층의 최대층간변위를 구하고, 각 층의 최대층간변위가 설계허용변위 이하인 것을 확인한다.

(2) 지진응답해석에서 얻어진 각 층의 손상분포와 응답예측에 의한 손상분포를 비교하고, 각 층의 최대 소성변형량이 각 제진장치의 소성변형능력 이하인 것을 확인하여 안전성을 평가한다.

제진구조설계 기술검토 지침

2012년 1월 5일 1판 1쇄 인쇄
2012년 1월 10일 1판 1쇄 발행

저　　자 | 사단법인 한국면진제진협회
발 행 인 | 강 해 작
발 행 처 | 기 문 당
주　　소 | 서울 성동구 무학봉 28길 4-1
(왕십리동 966-22)
전　　화 | 02) 2295-6171(代)~5
팩　　스 | 02) 2296-8188
출판등록 | 1976. 10. 7(1-44)
홈페이지 | http://기문당
http://www.kimoondang.com
I S B N | 978-89-6225-378-8　93540

정　　가 | 17,000원